工程造价管理指南丛书

建设项目非标准设备工程计价指南

中国建设工程造价管理协会

中国建筑工业出版社

图书在版编目（CIP）数据

建设项目非标准设备工程计价指南/中国建设工程造价管理协会.—北京：中国建筑工业出版社，2016.11
（工程造价管理指南丛书）
ISBN 978-7-112-20128-0

Ⅰ.①建…　Ⅱ.①中…　Ⅲ.①房屋建筑设备—建筑安装工程—工程造价—指南　Ⅳ.①TU8-62

中国版本图书馆CIP数据核字（2016）第289307号

责任编辑：赵晓菲　朱晓瑜
书籍设计：京点制版
责任校对：王宇枢　李欣慰

工程造价管理指南丛书
建设项目非标准设备工程计价指南
中国建设工程造价管理协会
*
中国建筑工业出版社出版、发行（北京海淀三里河路9号）
各地新华书店、建筑书店经销
北京京点图文设计有限公司制版
北京建筑工业印刷厂印刷
*
开本：787×1092毫米　1/16　印张：5¼　字数：79千字
2017年1月第一版　2017年3月第二次印刷
定价：**25.00**元
ISBN 978-7-112-20128-0
（29555）

编审人员名单

主　　编：于亚萍　吉林兴业建设工程咨询有限公司　　　　董事长

　　　　　舒　宇　中国建设工程造价管理协会　　　　　　主任

副 主 编：商延博　吉林兴业建设工程咨询有限公司　　　　顾问

主　　审：吴佐民　中国建设工程造价管理协会　　　　　　秘书长

　　　　　谢洪学　四川省造价工程师协会　　　　　　　　会长

编写人员：齐宝库　沈阳建筑大学管理学院　　　　　　　　教授

　　　　　龚春杰　吉林省建设工程造价管理协会　　　　　秘书长

　　　　　恽其鋆　北京希地环球建设工程顾问有限公司

　　　　　　　　　湖北分公司　　　　　　　　　　　　　总负责人

　　　　　杨丹娜　中建一局集团第五建筑有限公司　　　　高级工程师

　　　　　于春艳　吉林兴业建设工程咨询有限公司　　　　技术负责人

　　　　　吕　志　吉林省比目技术咨询有限公司　　　　　总经理

　　　　　张　博　吉林兴业建设工程咨询有限公司　　　　总经理

　　　　　张志刚　吉林兴业建设工程咨询有限公司　　　　副总经理

　　　　　高　皓　吉林兴业建设工程咨询有限公司　　　　副总经理

　　　　　宁　铭　吉林兴业建设工程咨询有限公司　　　　非标部部长

　　　　　刘志辉　吉林兴业建设工程咨询有限公司　　　　非标部副部长

　　　　　金常忠　江苏捷宏工程咨询有限责任公司　　　　常务副总

　　　　　于　军　深圳市航建工程造价咨询有限公司　　　总工程师

　　　　　熊卫东　中机中联工程有限公司工程咨询所　　　副所长

前　言

随着国内建筑市场的逐渐成熟，非标准设备工程作为建筑市场的一个重要专业领域，在能源、石油、冶金、轻工业、核工业、医药等行业的基本建设投资中越发重要，其成本所占比重也越发显著。

由于非标准设备材质及工艺方法的复杂性与特殊性，导致非标准设备制作、安装的成本构成缺乏直观透明度，其市场报价差异较大。

鉴于国内有关非标准设备工程计价还没有相关的法规或行业标准可以遵循，因此非标准设备工程计价一直是建设项目工程造价管理的难点之一。

为此，我协会组织相关单位，依据我国现行的法规、行业标准以及多年的实际工作经验编制了本指南。本指南旨在以突出非标准设备工程技术特点为原则，并附以实际案例分析，力求反映建设项目非标准设备在工程各阶段的计价要点。

希望本指南对从事工程项目的管理人员了解非标准设备的计价内容、方法和程序，合理确定其价格有所帮助。

目　录

第一章 总 则

一、概述

1.编制意义、目的

在编制《建设项目非标准设备工程计价指南》(以下简称《指南》) 过程中，编制组进行了深入细致的调查研究和专题讨论。调研结果显示：非标准设备工程的计价和审查是国有投资项目，尤其是工业项目总投资中一直被人们关注的热点问题。如何在市场价格全面开放的情况下求得一种体现公平、合理、客观、易行的计价方法，是近年来工程造价行业探讨和努力的方向。本《指南》的编制对规范计价行为，规避管理风险及审计风险，节约项目建设投资，提高企业经济效益具有十分重要的意义。

《指南》的编制以国家有关法律、法规及相关政策为依据，以规范计价活动、约束执业行为、提升非标准设备工程计价的标准化为目的，从准确度符合要求、估算速度快、使用方便出发，进一步明确适用范围、基本原则、价格内容构成和常用方法，运用科学技术原理及手段实施动态管理，解决发承包双方关于非标准设备工程的计价问题，为造价咨询企业执业提供参考依据，维护建设活动中各方合法权益，促进建筑市场健康发展。

2.适用范围

本《指南》按照我国相关政策法规的要求，广泛借鉴、吸纳工程实践中常用的计价方法、模式和成功经验，适用于指导属于专有技术设计的非标准设备工程概算、预算、工程量清单、最高投标限价、工程结算、竣工决算等编制与审核和各级工程造价管理机构等有关部门指导和监督建设项目非标准设备工程计价活动的相关工作。

3. 费用构成

费用包含制作费和安装费。

（1）制作费

1）定额法

其组成见图 1-1。

① 人工费：是指按工资总额构成规定，企业支付给从事设备制作的工人的各项费用。包括：计时工资或计件工资、奖金、津贴、补贴、加班加点工资。

② 材料费：是指设备制作过程中耗费的原材料、辅助材料、构配件、零件、半成品或成品、工程设备的费用。内容包括：材料原价、运杂费、运输损耗费、采购及保管费。

③ 机具使用费：是指设备制作作业所发生的施工机械、仪器仪表使用费或其租赁费。其中，施工机械使用费包括：折旧费、大修理费、经常修理费、安拆费及场外运费、人工费、燃料动力费、税费。仪器仪表使用费是指设备制作所需使用的仪器仪表的摊销及维修费用。

④ 措施费：是指为完成设备制作，发生于设备安装前和过程中的技术、生活、安全、环境保护等方面的措施费用。内容包括安全文明施工费（a. 环境保护费；b. 文明施工费；c. 安全施工费；d. 临时设施费）、夜间施工增加费、二次搬运费、冬雨期施工增加费、已完工程及设备保护费、特殊地区施工增加费、大型机械设备进出场及安拆费、脚手架工程费等。

⑤ 企业管理费：是指企业组织设备制作以及相关经营管理所需的费用。内容包括：管理人员工资、办公费、差旅交通费、固定资产使用费、工具用具使用费、劳动保险和职工福利费、劳动保护费、检验试验费、工会经费、职工教育经费、财产保险费、财务费、房产税、车船使用税、土地使用税、印

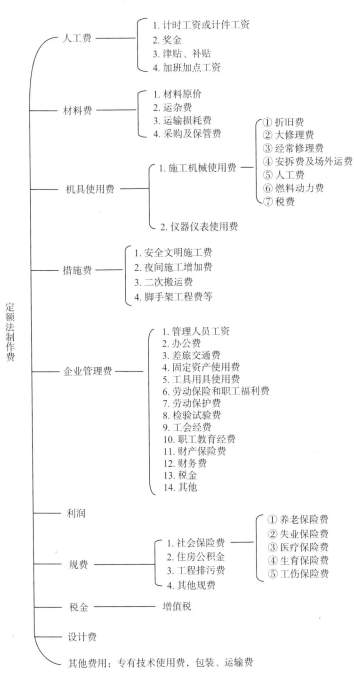

图 1—1 定额法制作费组成

花税、城市维护建设税、教育费附加、地方教育费附加、技术转让费、技术开发费、投标费、业务招待费、绿化费、广告费、公证费、法律顾问费、审计费、咨询费、保险费等。

⑥ 利润：是指企业完成设备制作获得的盈利。

⑦ 规费：是指按国家法律、法规规定，由省级政府和省级有关权力部门规定必须缴纳或计取的费用。包括养老保险费、失业保险费、医疗保险费、生育保险费、工伤保险费、住房公积金、工程排污费、其他规费。

⑧ 税金：是指国家税法规定计入建安工程造价的增值税销项税额。

⑨ 设计费：是指企业自行或委托进行非标准设备设计的费用。

⑩ 专有技术使用费：是指企业为使用专有技术向专有技术拥有者支付的费用。

⑪ 包装、运输费：是指加工完成的设备自制作场地运至工地仓库或指定堆放地点所发生的全部包装、运输费用。

2）成本估价法

其费用组成见图 1-2。

① 材料费：是指设备制作过程中耗费的主要原材料的费用。内容包括：材料原价、运杂费、运输损耗费、采购及保管费。

② 加工费：包括人工费和机械使用费。加工人工费是指按工资总额构成规定，支付给从事设备加工的工人的各项费用。包括：计时工资或计件工资、奖金、津贴补贴、加班加点工资。加工机械使用费是指设备加工作业所发生的施工机械、仪器仪表使用费或其租赁费。其中，施工机械使用费包括：折旧费、大修理费、经常修理费、安拆费及场外运费、人工费、燃料动力费、税费。仪器仪表使用费是指设备加工所需使用的仪器仪表的摊销及维修费用。

③ 辅助材料费：是指设备制作过程中耗费的辅助材料。内容包括：焊条、焊丝、氧气等。

④ 专用工具费：是指为加工非标准设备的非标准零部件而购买的专用工具的费用。

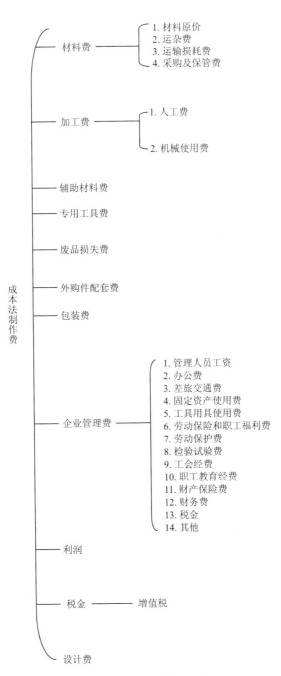

图 1-2 成本法制作费组成

⑤ 废品损失费：是指加工非标准设备过程中必然出现的合理的废品损失。

⑥ 外购件配套费：在非标准设备制造中，非制造商制造需要对外采购的零部件及标准件产品所发生的费用。如：设备中常用的缸、泵、阀和专用仪表等。

⑦ 包装费：是指为运输非标准设备而发生的包装人工、包装材料、包装机械使用费等的各项费用。

⑧ 企业管理费：是指企业组织设备制作以及相关经营管理所需的费用。内容包括：管理人员工资、办公费、差旅交通费、固定资产使用费、工具用具使用费、劳动保险和职工福利费、劳动保护费、检验试验费、工会经费、职工教育经费、财产保险费、财务费、房产税、车船使用税、土地使用税、印花税、城市维护建设税、教育费附加、地方教育费附加、技术转让费、技术开发费、投标费、业务招待费、绿化费、广告费、公证费、法律顾问费、审计费、咨询费、保险费等。

⑨ 利润：是指施工企业完成设备制作获得的盈利。

⑩ 税金：是指国家税法规定计入建安工程造价的增值税销项税额。

⑪ 设计费：是指企业自行或委托进行非标设备设计的费用。

（2）安装费

其费用组成见图 1-3。

1）人工费：是指按工资总额构成规定，企业支付给从事设备安装的工人的各项费用。包括：计时工资或计件工资、奖金、津贴补贴、加班加点工资。

2）材料费：是指设备安装过程中耗费的辅助材料、构配件、零件的费用。内容包括：材料原价、运杂费、运输损耗费、采购及保管费。

3）机具使用费：是指设备安装作业所发生的施工机械、仪器仪表使用费或其租赁费。其中，施工机械使用费包括：折旧费、大修理费、经常修理费、安拆费及场外运费、人工费、燃料动力费、税费。仪器仪表使用费是指设备安装所需使用的仪器仪表的摊销及维修费用。

4）调试费：是指企业为完成设备安装而进行的设备调试的费用。

5）联合试运转费：是指企业在设备安装竣工验收前，按照设计规定的工

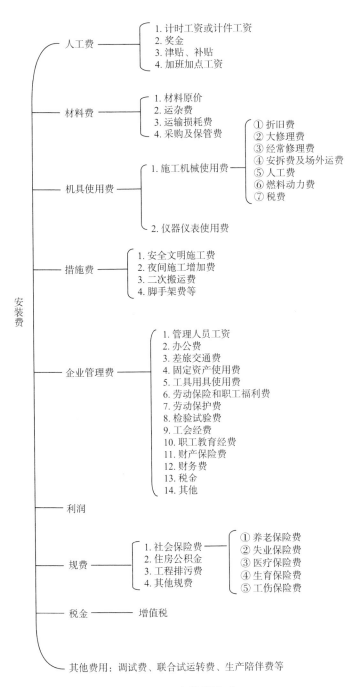

图 1-3　安装费组成

程质量标准，进行整个车间的负荷或无负荷联合试运转所发生的费用。

6）措施费：是指为完成设备安装，发生于设备安装前和过程中的技术、生活、安全、环境保护等方面的措施费用。内容包括：安全文明施工费（①环境保护费；②文明施工费；③安全施工费；④临时设施费）、夜间施工增加费、二次搬运费、冬雨期施工增加费、已完工程及设备保护费、特殊地区施工增加费、大型机械设备进出场及安拆费、脚手架工程费等。

7）企业管理费：是指企业组织设备安装以及相关经营管理所需的费用。内容包括：管理人员工资、办公费、差旅交通费、固定资产使用费、工具用具使用费、劳动保险和职工福利费、劳动保护费、检验试验费、工会经费、职工教育经费、财产保险费、财务费、房产税、车船使用税、土地使用税、印花税、城市维护建设税、教育费附加、地方教育费附加、技术转让费、技术开发费、投标费、业务招待费、绿化费、广告费、公证费、法律顾问费、审计费、咨询费、保险费等。

8）利润：是指企业完成设备安装获得的盈利。

9）规费：是指按国家法律、法规规定，由省级政府和省级有关权力部门规定必须缴纳或计取的费用。包括养老保险费、失业保险费、医疗保险费、生育保险费、工伤保险费、住房公积金、工程排污费、其他规费。

10）税金：是指国家税法规定计入建安工程造价的增值税销项税额。

11）生产准备费：是指为保证非标准设备竣工交付使用进行的必要的生产准备费用。

12）生产陪伴费：是指非标准设备投入生产过程中，技术人员跟踪指导生产而发生的费用。

13）运行维修保养：是指根据非标准设备工程合同约定的进行设备运行维修保养的费用。

14）售后服务费：是指根据非标准设备工程合同约定的进行售后服务的费用。

15）备品、备件：是指按合同约定为保障非标准设备正常使用而必须配备的备品、备件。

二、主要术语

1. 设备

经过加工制造，由多种部件按各自用途组成独特结构，具有生产加工、动力传送、储存运输、能量传递或转换等功能的机器、容器和成套装置等。

2. 标准设备

按国家或行业规定的产品标准进行批量生产并形成系列的设备。如风机、起重机、电梯等。

3. 非标准设备

未有国家或行业标准，非批量生产的，一般要进行专门设计、由设备制造厂家特别制造或施工企业在工厂或施工现场进行加工制作的特殊设备。如油罐等。

4. 非标准设备工程

以非标准设备为主，含有附属、配套建筑安装工程的项目，或者由多台非标准设备组成的系统工程。如自动化、半自动化生产线，装配线等。

5. 工程设备

是指构成或计划构成永久工程一部分的机电设备、金属结构设备、仪器装置及其他类似的设备和装置。如电梯、配电柜等。

6. 建筑设备

房屋建筑及其配套的附属工程中的电气、采暖、通风空调、给水排水、通信及建筑智能等为实现房屋功能服务的设备。如空调机、轴流风机等。

7. 工艺设备

为工业、交通等生产性建设项目服务的各类固定和移动设备。如反应器、塔、机泵及各种机床。

8. 专利技术

是指受法律、法规保护的发明创造，该发明创造者向国家审批机关提出专利申请，经依法审查合格后，国家向专利申请人授予该项发明创造在规定时间内享有的专有权技术知识。

9. 专有技术

指先进、实用、未公开且未申请专利的技术秘密，包括制造某产品或者应用某项工艺以及产品设计、工艺流程、配方、计算公式、软件包、质量控制和管理以及技术人员的经验和知识等。

三、基本规定

1. 非标准设备的划分

凡未有国家标准或行业标准，具有以下条件之一的可划分为非标准设备：

（1）非批量生产并无法获取市场交易价格的特殊设备；

（2）需要按订货的技术文件专门设计或根据初步设计图纸进行二次深化设计的特殊设备；

（3）需由设备制造厂家特别制造或施工企业进行加工制作的特殊设备。

2. 非标准设备工程计价的基本原则

（1）依法原则：非标准设备工程计价活动是一项政策性、经济性、技术性很强的业务工作。应符合《建筑法》《合同法》《价格法》《招标投标法》和《建筑工程施工发包与承包计价管理办法》（住房和城乡建设部令第 16 号）等直接涉及工程造价方面的法律法规强制性标准规范规定。

（2）从约原则：非标准设备工程计价活动是发承包双方在法律框架下签约、履约的活动。发承包双方均应遵从合同约定、履行合同义务，除法律和规范性文件强制性规定外，发承包双方应严格依照合同约定执行。

（3）专业原则：是指发承包双方和造价咨询企业的造价专业人员对非标准设备工程计价活动中所提供的造价成果文件的专业性和准确性负责。其成果文件应符合国家现行有关标准及相关造价管理的规定和建设各方的合法权益。

3. 非标准设备工程计价的编审步骤

（1）收集资料：根据编审任务或委托合同的要求，收集工程勘察设计文件及图纸、估算概算指标、各专业计价定额、工程量清单规范等计价依据、工程造价管理文件、工料机及设备价格信息等技术经济资料。

（2）选择方法：针对投资估算、设计概算、施工图预算、工程量清单、最高投标限价、投标报价、竣工结算、决算等不同编审类型和收集的计价基础资料，选择估价法、定额法、清单法、综合法等不同计价方法。

（3）划分项目：根据不同计价方法的要求，本着全面、规范、明确的原则划分具体计价单元,计价单元应包括项目编码、项目名称、工作内容、项目特征、计量单位、工程数量、项目单价、工程量计算规则等内容。

（4）工程计量：根据划分的计价单元和适用的工程量计算规则，包括实物量、工程量清单、计价定额计算规则及约定计量规则，利用手工列式、电子表格、计量软件等不同计量手段，得出各计价单元的工程数量。

（5）工程计价：根据不同计价单元的计价要求，以类比工程造价指标、估算指标、概算指标、计价定额、企业定额等计价依据为基础,通过对人工、材料、设备、机具费等价格因素的调整，计取各项税费（包括管理费、利润、风险费、措施费、规费、税金、设计费、其他合同约定费用等），最终确定项目造价。

（6）编写报告：根据以上编审资料和计价底稿，起草编审报告。编审报告通常包括项目概况、编审范围、编审依据、编审方法、编审过程、编审结论、工程划分项目、工程计量、计价及人、材、机价格和费率确定的说明等。

（7）资料存档：需存档的编审资料通常包括：委托合同、工作计划及实施方案、图纸文件、变更签证、计算底稿、审核记录、会议记录、电子版文件、有关价格或费率确定的文件等。上述资料经过整理形成最终成果计价文件存档备查。

第二章　非标准设备工程计价方法

一、一般规定

（1）非标准设备工程发承包时,发承包双方应按规定依法签订发承包合同。

（2）发承包双方签订非标准设备工程发承包合同时，应约定并明确计价方法。

（3）非标准设备及非标准设备工程制作和配套建筑安装能够分开计价时，应按相应计价方式分别计价。

（4）非标准设备工程同时适用于两种计价方法时，可采用另一种计价方法进行验证。

二、估价法

1.综合估价法

（1）适用条件

适用于在初步设计阶段有较详细总图而无详细零件图，可得到主要材料消耗量和主要外购件消耗量前提下的计价。应以主要材料费为基础，根据其与成本费用的关系指标估算出相应成本，另外考虑一定的利润、税金和设计费，从而求得该设备价格。

（2）计价方法

计算公式：$P = (C_{m1} \div K_m + C_{m2}) \times (1 + K_p) \times (1 + K_t) \times (1 + K_d \div n)$

式中　P——非标准设备价格；

C_{m1}——主材费（不含主要外购件费）；

K_m——不含主要外购件费的成本主材费率；

C_{m2}——主要外购件费；

K_p——成本利润率；

K_t——销售税金率；

K_d——非标准设备设计费率；

n——非标准设备产量。

1）主材费 C_{m1}

主要材料的确定：主要材料的确定是根据设备的具体构造、物理组成以及在设备重量或价值中的比重所确定的一种或几种主材。主材费 C_{m1} 由工艺设备专业人员提出或按图纸估算出主要材料的净消耗量（如：重量、面积、体积、个数等），根据各种主要材料的利用率求出各种材料的总消耗量，然后按照当时当地的材料市场价格（不含税价）计算主要材料费用，其费用可按下列公式进行计算：

$$C_{m1}= \sum [（某主材净消耗量 \div 该主材利用率）\times 含税市场价格 \div（1+ 增值税率）]$$

2）主要外购件费 C_{m2}

主要外购件的确定：主要依据其构成及在设备价格中的比重确定。价值比重很小者，已综合在 K_m 系数中考虑，而不再单列为主要外购件。外购件价格按不含税的市场价格计算。主要外购件费可按下列公式进行计算：

$$C_{m2}= \sum [某主要外购件数量 \times 含税市场价格 \div（1+ 增值税率）]$$

3）销售税金

对于一般销售或承包建造的非标准设备，其为增值税。

（3）部分常用非标准设备估价指标的确定

增值税税率按相关文件执行。主材利用率、成本主材费率根据所用材料、工艺要求、加工难度确定；成本利润率适当计取、设计费率按国家相关标准执行，单台适当取高值；生产台数越多，固定成本越低，取低值。

【例2-1】某非标准三室清洗机，其主材（钢材）净消耗量为4.8t，估价时该主材不含税的市场价为3300元/t，设备所需主要外购件（泵、阀、风机等）不含税的费用为25200元。现行增值税率K_v=17%，则销售税金率K_t=17%。主材利用率为90%，成本主材费率K_m取47%，成本利润率K_p取16%，设计费率取15%，产量2台。

则：主材费C_{ml}=4.8÷90%×3300=17600元

价格P=（C_{ml}÷K_m+C_{m2}）×（1+K_p）×（1+K_t）×（1+K_d÷n）

=（17600÷47%+25200）×（1+16%）×（1+17%）×（1+15%÷2）

=91401元

2. 类比估价法

（1）适用条件

类比估价法适应于尚无非标准设备图纸或虽具有图纸，但不宜或难以按综合估价法估价时采取的计价方法。其方法是与已有类似非标准设备类比，考察新制非标准设备与已有非标准设备在直接成本及生产制造上的主要差异和复杂程度，以同期已有非标准设备的价格为基础，调整新制非标准设备价格。

（2）类比估价法计算公式

$$P=P_s×K×（1+K_d÷n）$$

式中　P——非标准设备价格；

　　　P_s——为同期已有类似设备价格；

　　　K——类比系数，根据非标准设备加工制造复杂程度确定；

　　　K_d——非标准设备设计费率；

　　　n——非标准设备产量。

本办法有关参数需要有实际经验的工艺设计员测算或国家相关标准来确定。

【例 2-2】某非标准四柱万能液压机（不需非标准设计），其已有类似标准设备价格为 115 万元。查相关文献 $K=1.2 \sim 1.55$，该设备重量大，结构复杂，K 取 1.55。

则：$P=P_s \times K=115 \times 1.55=178.25$ 万元

3. 成本估价法

（1）适用条件

成本估价法适用于具有较详细的设计图纸或现场实物的非标准设备或非标准设备工程。通用类设备的各类专用和特种机床等工程，各类机械自动化生产线、机械输送设备及喷灌干燥室等工程，智能化控制类的厅、台馆智能化控制等工程、非标准设备组成的系统工程等宜采用成本计价方法。

（2）计价方法

成本计价法的价格组成：

1）材料费：计算公式如下：

$$材料费 = 材料净重 \times （1+ 加工损耗系数） \times 每吨材料综合价$$

2）加工费：包括生产工人工资、工资附加费、燃料动力费、设备折旧费和车间经费等。计算公式如下：

$$加工费 = 设备总重量（t） \times 设备每吨加工费$$

3）辅助材料费：包括焊条、焊丝、氧气、氩气、氮气和油漆等费用。计算公式如下：

$$辅助材料费 = 设备总重量 \times 辅助材料费指标$$

4）专用工具费：按 1）～ 3）项之和乘以专用工具费率计算。

5）废品损失费：按 1）～ 4）项之和乘以废品损失费率计算。

6）外购配套件费：按设备设计图纸所列的配套件的名称、型号、规格、数量、重量，根据相应的价格加运费计算。

7）包装费：按以上1）～6）项之和乘以包装费率计算。

8）管理费：按以上1）～7）项之和乘以管理费率计算。

9）利润：按以上1）～5）项加第7）、第8）项之和乘以一定利润率计算。

10）税金：主要指增值税。计算公式如下：

$$增值税 = 当前销项税额 - 进项税额$$

$$当前销项税额 = 销售额 × 适用增值税率$$

$$销售额 = 1）～ 9）项之和$$

11）非标准设备设计费：按国家规定的设计收费标准计算。

综上所述，单台非标准设备原价的计算方法可用如下公式计算：

单台非标准设备原价 = ｛[（材料费 + 加工费 + 辅助材料费）×（1+ 专用工具费率）×（1+ 废品损失费率）+ 外购配套件费]×（1+ 包装费率）×（1+ 管理费率）- 外购配套件费｝×（1+ 利润率）+ 销项税额 + 非标准设备设计费 + 外购配套件费

【例2-3】某工程采购一台国产非标准设备，制作厂生产该台设备所用材料费20万元，加工费2万元，辅助材料费4000元，制造厂为制造该设备，在材料采购过程中发生进项增值税3.5万元。专用工具费率1.5%，废品损失率10%，外购配套件费5万元，包装费率1%，管理费率5%，利润率为7%，增值税率为17%，非标准设计费2万元，求该国产非标准设备的原价。

解：专用工具费 =（20+2+0.4）×1.5%=0.336万元

废品损失费 =（20+2+0.4+0.336）×10%=2.274万元

包装费 =（20+2+0.4+0.336+2.274+5）×1%=0.3万元

管理费 =（20+2+0.4+0.336+2.274+5+0.3）×5%=1.516万元

利润 =（20+2+0.4+0.336+2.274+0.3+1.516）×7%=1.878万元

销项税额 =（20+2+0.4+0.336+2.274+5+0.3+1.516+1.878）×17%

=5.73万元

该国产非标准设备的原价 =20+2+0.4+0.336+2.274+5+0.3+1.516+1.878
+2+5.73

=41.434 万元

三、定额法、清单法

1.定额法

（1）适用条件

定额法适用于非国有资金投资项目具有施工图纸或现场实物，同时计价定额中有对应子目的工程。这种计价法以定额工程量表示，其优点是：计价依据充分、适应性强、计价准确，特别适用于现场制作的简单容器及与工艺设备配套的钢结构、管道、电气等工程。

1）工艺金属结构件及其辅助的支撑、框架、踏板、防护及护栏等计价依据《全国统一安装工程预算定额》工艺金属结构相应定额子目执行。

2）循环水、压缩空气及工艺配管及其附件的计价，依据《全国统一安装工程预算定额》工艺管道工程相应子目执行。

3）电缆、桥架及其附件、工位照明、风扇等的计价，依据《全国统一安装工程预算定额》电气设备安装工程相应子目执行。

4）工位排烟、除尘设备等的计价，依据《全国统一安装工程预算定额》通风、空调安装工程相应子目执行。

5）电动葫芦、输送设备及吊具的计价，依据《全国统一安装工程预算定额》机械设备安装工程相应子目执行。

6）各种槽类、室类容器（电泳槽、喷漆室）等的计价，依据《全国统一安装工程预算定额》相应定额子目执行。

（2）计价方法

定额计价法依据现行的《全国统一安装工程预算定额》或当地计价定额及配套取费标准和有关计价规定、工程量计算规则，进行非标准设备工程计价的编制与审核。

2. 清单法

（1）适用条件

清单法适用于国有资金投资项目具有施工图纸或现场实物，同时工程量清单计价规范有对应子目的工程。这种计价法以清单工程量表示，其优点是：以实物量表示、计价依据充分、适应性强、比较准确，特别适应于现场制作的简单容器及与工艺设备配套的钢结构、管道、电气等工程。

当为非国有资金投资时，定额法或清单法均可采用；当为国有资金投资时，根据《建设工程工程量清单计价规范》GB 50500—2013 及有关规定必须采用清单计价。

（2）计价方法

实行工程量清单计价根据《建设工程工程量清单计价规范》GB 50500—2013 及有关规定应采用综合单价法。不论分部分项工程项目、单价措施项目、其他项目，综合单价组成应为完成一个规定的清单项目所需的人工费、材料费、工程设备费、施工机具使用费和企业管理费、利润以及一定范围内波动的风险费用，包括除规费、税金以外的所有金额。包括如下内容：

1）分部分项项目费：指按项目编码、项目名称、项目特征、计量单位和工程量编制，包括人工费、材料费、工程设备费、施工机具使用费和企业管理费、利润以及一定范围内的风险费用。

2）单价措施项目费：单价措施项目包括人工费、材料费、工程设备费、施工机具使用费和企业管理费、利润以及一定范围内的风险费用。

3）总价措施项目费：按规定基数乘以百分率的方式计算。

4）其他项目费：暂列金额、暂估价、计日工和总承包服务费。

5）规费：是指按国家法律、法规规定，由省级政府和省级有关权力部门规定必须缴纳的费用，该项费用不得作为竞争性费用。

6）税金：是指国家税法规定的应计入建筑安装工程造价的增值税的销项税额。

四、综合法

1.适用条件

当非标准设备工程仅用单一方法无法科学确定其造价时，可以根据工程特点将该工程进行分解，采用多种计价、计量方法计算工程造价，即采用综合估价法、类比估价法、成本估价法、定额法、清单法等不同的方法编制工程估算、概算、预算、工程量清单、最高投标限价、竣工结算和决算。

2.计价方法

采用综合法编制估算、概算、预算、工程量清单、最高投标限价、投标报价时，编、审人员可以根据工程具体情况，采用估价法、定额法、清单法等确定计价办法，得出优化后的工程造价；采用综合法办理结算、决算时，结算和决算的编制和审查均不应改变经招标或合同约定的项目分解办法和计价方法。

五、非标准设备安装费

（1）非标准设备采用估价法计算制作费时，安装费可按定额法、清单法计算，当无法按定额法、清单法计算时，安装费可按下列公式计算：

$$安装费 = 设备原价 \times 设备安装费率$$

（2）非标准设备采用定额法、清单法计算制作费时，可以按定额法、清单法计算非标准设备的安装费。

第三章 非标准设备工程计价案例

案例一

1. 工程概况

此案例为 ×× 汽车制造企业非标准设备工程——焊装生产线，在该非标准工程招标阶段编制某工位的最高投标限价，见图 3-1。

根据该非标准设备工程需求，年设计生产能力 11 万 / 年，生产节拍 112s/ 台，单班生产能力 220 台；厂房轻钢结构，屋顶梁下悬高 8.4m，地坪承载 5t/m²；三项五线制 AC380V ± 10%、50Hz ± 2%；压缩空气 0.4 ～ 0.6MPa，接口尺寸 3/8 寸、1/2 寸、3/4 寸；循环水为普通自来水，接口尺寸按设备具体需求确定。

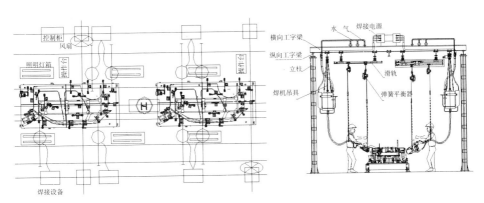

图 3-1　某非标准设备工程焊装工装生产线（其中一个工位截图）

　　该非标准设备工程是由工装设备、钢结构系统工程、公用动力系统工程、水气管路系统工程和照明系统工程组成。

　　工装设备采用气动夹紧，电动控制，PLC 控制，通信方式应满足工业现场要求。控制柜应安排在生产线附近，操作时可完整的观察到生产线动作过程，应设置独立的操作盘，如图 3-2 所示。

　　钢结构系统工程包含悬挂焊接变压器和悬吊焊钳用的滑轨，悬吊焊钳用滑轨设置两个滑车，悬吊焊接变压器的滑轨设置一个滑车。

　　公用动力系统工程包含焊接电缆、电缆桥架及其辅助设施。

　　水气管路系统工程包含焊接设备用进、回水管路及压缩空气管路，以不同颜色区分。

　　照明系统工程包含照明光源、灯架、电线管路、控制开关等，照度为 500LUX，如图 3-3 所示。

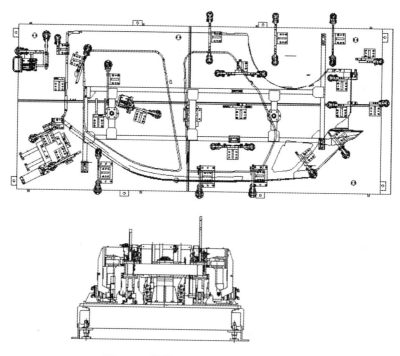

图 3-2　焊装生产线某工位焊接夹具

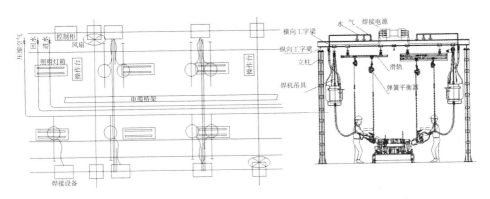

图 3-3　钢结构框架工程（其中一个工位截图）

2.最高投标限价的编制

经分析，该非标准设备工程由工装设备、钢结构系统工程、公用动力系统工程、水气管路系统工程和照明系统等组成，根据该工程的项目特征，采用综合法计价方式编制该非标准工程的制作、安装工程总造价。具体计价方式如下：

（1）钢结构框架工程、公用动力工程、水气管路系统工程和照明系统等采用清单法计价，计算清单工程量如下：

1）钢结构的制作安装：其中立柱采用 H 型钢 200mm × 200mm，重量为969.6kg；横梁及纵梁采用 20 号工字钢，重量为 2211.6kg；其他附件 300kg；

2）滑车滑轨的采购及安装：采用 65Ω 滑轨，纵轨长度为 9m，数量为 6 根；横轨长度为 1.5m，数量为 7 根；配套使用相应的滑车及附件；

3）焊接设备的采购及安装：焊机型号为 DNT-3，数量为 4 台；焊钳采用 X30-2013A，数量为 7 套；平衡器采用 15kg，数量为 7 套，50kg 数量为 7 套；

4）焊接设备用水管路安装：DN100 热浸镀锌管 30m，DN25 热浸镀锌管 20m，DN100 法兰式橡胶密封偏心蝶阀 2 套，DN25 截止阀 8 套，DN100 弯头 1 个，DN25 弯头 4 个；

5）焊接设备用压缩空气管路安装：DN80 热浸镀锌管 15m，DN20 热浸镀锌管 10m，DN80Q41F-16C 球阀 1 套，DN20Q11F-16C 球阀 4 套，DN80 弯头 2 个，DN20 弯头 4 个；

6）焊接设备用电缆及电缆桥架的安装：焊接电缆 2×95+1×50 数量为 80m，电缆桥架 200×100，数量为 25m；

7）生产线用控制柜及操作台等采购、制作及安装：控制柜 500mm×800mm×2000mm，操作台 250mm×500mm，PZ30 配电箱 1 台；

8）生产线用辅助设施，其中包含工位照明、风扇等的采购及安装；接线盒 9 个，J 节能双管荧光灯 2×45W 工位照明 6 套，照明用配管 DN20 镀锌钢管 100m，BV-450/750-2.5mm 配线 510m，风扇 2 套，型钢支架 100kg。

（2）工装设备采用成本估价法

该工装装备见图 3-2，具体规格尺寸为 3500mm×1500mm×800mm，包括定位夹紧部件 23 套，举升机构 1 套，采用气动驱动，电动控制。原材料净用量为 2025kg，具体购入品见表 3-1。

购入品明细表　　　　　　　　　　　　　　　　　　表 3-1

序号	零部件名称	数量	规格型号	供应商	备注
1	接近开关	10	Fi15-M30-OP6L-Q12	ELCO	
2	连接线	10	CO12.3-2-C12.3	ELCO	
3	双肘接头	3	Y-05M	SMC	
4	锁紧螺母	3	NT-05	SMC	
5	连接座	3	MB-B05	SMC	
6	防松螺帽	3	UNUT8	MISUMI	
7	夹紧气缸	15	CK1B63-100YA-P3DWSE	SMC	
8	衬套	30	CSB-101215	CSB	
9	导轨	2	HSR30A2UU-520L-Ⅱ	THK	
10	气缸	1	MDBT63-170-P3DWSE	SMC	
11	无油衬套	1	JDB650303860	CSB	
12	薄型气缸	2	CDQ2B63-30DM-P3DWSE	SMC	
13	球阀	1	BLV-4	SMC	

续表

序号	零部件名称	数量	规格型号	供应商	备注
14	三通接头	1	TFA-4	SMC	
15	快换接头	1	SM-40	SMC	
16	弯头	1	FNE-44	SMC	
17	短丝	2	DNS-4	SMC	
18	气动组合元件	1	AC40B-04DG-STV	SMC	
19	三连件用防护罩	2	J1401-1	SMC	
20	消声器	1	AN302-03	SMC	
21	软管	1	TRBU1208B　5m	SMC	
22	接头	2	KRL12-04S	SMC	
23	丝堵	6	PLUG1/2	SMC	
24	弯头	12	KRL10-03S	SMC	
25	弯头	4	KRL10-02S	SMC	
26	消音器	4	AN402-04	SMC	
27	两位五通电磁阀	6	EVS7-8-FG-D-3ZMO	SMC	
28	阀板	1	VV722-03R-04D	SMC	
29	阀板	1	VV724-03R-04D	SMC	
30	节流接头	12	AS2201F-02-10S	SMC	
31	节流接头	8	AS3201F-03-10S	SMC	
32	Y形三通管接头	10	KRU10-00	SMC	
33	T形三通管接头	2	KRT10-00	SMC	
34	Y形三通管接头	1	KRU12-00	SMC	
35	软管	1	TRBU1065B-20	SMC	
36	软管	1	TRBU1065BU-20	SMC	
37	气阀用防护罩	1	J1401-5-400		

3. 文件编制

<u>××非标准设备工程制作、安装</u> 工程

最高投标限价

招　标　人：_____

（单位盖章）

造价咨询人：_____

（签字或盖章）

××年××月××日

总说明

工程名称：××非标准设备工程

　　该案例选定了某非标准设备工程焊装工装生产线的其中某工位，如图 3-1 所示。该非标准设备工程是由工装夹具、钢结构系统工程、公用动力系统工程、水气管路系统工程和照明系统工程组成。

　　依据该工程的项目特征，采用综合法计价方式编制该非标准工程的制作、安装工程总造价。其中，钢结构框架工程、公用动力工程、水气管路系统工程和照明系统等采用清单法计价进行编制，工装夹具采用成本估价法进行编制。

　　1. 工程量编制依据：（1）设计图纸；（2）《建设工程工程量清单计价规范》GB 50500—2013。

　　2. 计价依据：（1）根据此项目特点，钢结构、水气管路、电气工程按清单法编制的最高投标限价，依据×××安装工程计价定额，增值税按制造企业 17% 考虑。

　　如果由建筑施工企业完成，应按 ××× 建筑业营业税改征增值税调整吉林省建设工程计价依据实施办法等规定及相关造价信息执行。

　　（2）工装设备采用成本估价法计价，材料价格按吉林省造价信息及市场询价，增值税按 17% 考虑。

单项工程汇总表　　　　　　　　　　　　　　　　　表 3-2

工程名称：××非标准设备工程

序号	工程名称	工程造价（元）	备注
一	钢结构框架及工艺配管、配线	213948	采用清单法计价
二	工装设备	154180	采用成本法计价
	合计	368128	

单位工程费用汇总表 表 3-3

工程名称：钢结构框架及工艺配管、配线工程　　　　标段：　　　第 1 页共 1 页

序号	汇总内容	金额（元）	备注
1	分部分项工程与单价措施项目	162063	
1.1	钢结构	82069	
1.2	公用动力	79994	
2	总价措施项目	2884	
	其中：安全文明施工费	1342	
3	其他项目		
3.1	其中：暂列金额		
3.2	其中：专业工程暂估价		
3.3	其中：计日工		
3.4	其中：总承包服务费		
3.5	其中：价差合计		
4	规费	3495	
5	优质优价增加费		
6	税金	28636	
7	设计费	15000	按设计合同
8	包装运输费	1870	费率 1%
	合计	213948	

分部分项工程和单价措施项目清单与计价表　　　表3-4

工程名称：钢结构框架及工艺配管、配线工程　　　标段：　　　第1页共4页

序号	项目编码	项目名称	项目特征描述	计量单位	工程量	综合单价	合价	其中 暂估价
			钢结构					
1	030307004001	钢结构框架制作安装	1. 名称：钢结构框架	t	3.481	11064.72	38516	
2	031201003001	金属结构刷油	1. 除锈级别：轻锈 2. 油漆品种：防锈漆、磁漆 3. 结构类型：钢结构 4. 涂刷遍数、漆膜厚度：防锈漆二遍、磁漆二遍	kg	3481	2.42	8424	
3	030104007001	滑车		台	1	1179.9	1180	
4	030105001001	65Ω滑轨	1. 安装部位：悬挂 2. 规格：65Ω滑轨 3. 车挡材质：含两端轨道封头	m	64.5	242.26	15626	
5	030101001001	焊机	1. 名称：焊机 2. 型号：DNT-3	台	4	655.78	2623	
6	030101001002	焊钳	1. 名称：焊钳 2. 型号：X30-2013A	套	7	421.49	2950	
7	030101001003	平衡器	1. 名称：平衡器 2. 型号：15kg	套	7	725.3	5077	
8	030101001004	平衡器	1. 名称：平衡器 2. 型号：50kg	套	7	1096.17	7673	
		小计					82069	
			公用动力					
			循环水支线					
9	030801001001	热浸镀锌钢管DN100	1. 材质：热浸镀锌钢管 2. 规格：DN100 3. 连接形式、焊接方法：氩电连焊 4. 压力试验、吹扫与清洗设计要求：水压试验、水冲洗	m	30	71.21	2136	
		本页小计					84205	

分部分项工程和单价措施项目清单与计价表　　　表 3-5

工程名称：钢结构框架及工艺配管、配线工程　　　标段：　　　第 2 页共 4 页

序号	项目编码	项目名称	项目特征描述	计量单位	工程量	金额（元）		
						综合单价	合价	其中 暂估价
10	030801001002	热浸镀锌钢管 DN25	1. 材质：热浸镀锌钢管 2. 规格：DN25 3. 连接形式方法：螺纹连接 4. 压力试验、吹扫与清洗设计要求：水压试验，水冲洗	m	20	26.94	539	
11	030804001001	热浸镀锌钢管 DN100 弯头	1. 材质：热浸镀锌钢管 2. 规格：DN100 弯头 3. 连接方式：氩电联焊	个	1	150.06	150	
12	030804001002	热浸镀锌钢管 DN25 弯头	1. 材质：热浸镀锌钢管 2. 规格：DN25 弯头 3. 连接方式：螺纹连接	个	4	25.36	101	
13	030807003001	法兰式橡胶密封偏心蝶阀 DN100	1. 名称：法兰式橡胶偏心蝶阀 2. 型号、规格：DN100，PN=1.0MPa 3. 连接形式：法兰连接	个	2	603.56	1207	
14	030807001001	截止阀 DN25	1. 名称：截止阀 2. 材质：铜 3. 型号、规格：DN25，PN=1.0MPa 4. 连接形式：螺纹连接	个	8	74.75	598	
15	030810002001	低压碳钢焊接法兰 DN100	1. 材质：碳钢法兰（含螺栓） 2. 结构形式：平焊法兰 3. 型号、规格：DN100 4. 连接形式：焊接	副	2	172.75	346	
		小计					5077	
		压缩空气支线						
16	030801001003	热浸镀锌钢管 DN80	1. 材质：热浸镀锌钢管 2. 规格：DN80 3. 连接形式、焊接方法：氩电联焊 4. 压力试验、吹扫与清洗设计要求：水压试验，压缩空气吹扫	m	15	50.09	751	
		本页小计					3692	

分部分项工程和单价措施项目清单与计价表　　　表 3-6

工程名称：钢结构框架及工艺配管、配线工程　　　标段：　　　第 3 页共 4 页

序号	项目编码	项目名称	项目特征描述	计量单位	工程量	金额（元）		
						综合单价	合价	其中暂估价
17	030801001004	热浸镀锌钢管 DN20	1. 材质：热浸镀锌钢管 2. 规格：DN20 3. 连接形式、焊接方法：螺纹连接 4. 压力试验、吹扫与清洗设计要求：水压试验，压缩空气吹扫	m	10	22.01	220	
18	030804001003	热浸镀锌钢管 DN80 弯头	1. 材质：热浸镀锌钢管 2. 规格：DN80，弯头 3. 连接方式：氩电联焊	个	2	99.77	200	
19	030804001004	热浸镀锌钢管 DN20 弯头	1. 材质：热浸镀锌钢管 2. 规格：DN25，弯头 3. 连接方式：螺纹连接	个	4	18.9	76	
20	030807003002	球阀 Q41F-16C DN80	1. 名称：球阀 2. 材质：铸钢 3. 型号、规格：Q41F-16C，DN80 4. 连接形式：法兰连接	个	1	605.04	605	
21	030807001002	球阀 Q11F-16C DN20	1. 名称：球阀 2. 材质： 3. 型号、规格：Q11F-16C，DN20 4. 连接形式：螺纹连接	个	4	229.33	917	
22	030810002002	低压碳钢焊接法兰 DN80 1.6MPa	1. 材质：碳钢法兰（含螺栓） 2. 结构形式：平焊法兰 3. 型号、规格：DN80，1.6MPa 4. 连接形式：焊接	副	1	166.8	167	
		小计					2936	
			电气支线					
23	030404015001	操作台	1. 名称：操作台、控制台 2. 基础形式、材质：C10 槽钢 3. 安装方式：落地安装	台	1	29246.45	29246	
			本页小计				31431	

分部分项工程和单价措施项目清单与计价表　　　　表 3-7

工程名称：钢结构框架及工艺配管、配线工程　　　标段：　　　第 4 页共 4 页

序号	项目编码	项目名称	项目特征描述	计量单位	工程量	综合单价	合价	其中 暂估价
24	030404017001	控制柜	1. 名称：控制柜 2. 基础形式、材质：C10 槽钢 3. 安装方式：落地安装	台	1	14740.44	14740	
25	030404017002	配电箱	规格型号：PZ30 配电箱	台	1	1013.96	1014	
26	030404033001	风扇	1. 型号：直径 120cm 2. 规格：85W，220V 3. 安装方式：吊棚安装	台	2	330.82	662	
27	030411006001	接线盒	1. 名称：接线盒 2. 材质：吊扇、灯具使用	个	8	7.79	62	
28	030412005001	节能双管荧光灯	1. 规格型号：FAC42651 PPH2×45W 2. 吸顶安装	套	6	383.17	2299	
29	030404034001	双联开关	规格型号：250V，10A	个	1	25.66	26	
30	030411006002	接线盒	1. 名称：接线盒 2. 材质：开关底盒	个	1	7.47	7	
31	030411004001	聚氯乙烯绝缘导线	1. 规格型号：BV-450/750，2.5mm² 2. 敷设方式：穿管	m	510	2.8	1428	
32	030411001001	配管	规格型号：镀锌钢管 DN20	m	100	26.04	2604	
33	030408001001	电力电缆	1. 规格型号：YJV-1KV 2×95+1×50 2. 敷设方式：沿桥架	m	80	142.98	11438	
34	030408006001	电力电缆头	1. 名称：电力电缆头 2. 型号：95mm² 3. 规格：干包	个	2	197.65	395	
35	030408004001	大跨距电缆桥架	规格型号：钢制梯式桥架 DJ-T-10-2（200×100），不带盖板	m	25	133.56	3339	
36	030413001001	铁构件	规格型号：桥架、钢管、吊扇型钢支吊架	kg	100	27.8	2780	
37	030414002001	送配电装置系统	规格型号：1kV 以下	系统	2	970.57	1941	
		小计					71981	
			本页小计				42735	
			合计				162063	

综合单价分析表　　　　　　　　　　　表 3-8

工程名称：钢结构框架及工艺配管、配线工程　　　　标段：　　第 1 页共 8 页

序号	项目编码	项目名称	计量单位	工程数量	综合单价	人工费	材料费	机械费	企业管理费	利润	合价
1	030307004001	钢结构框架制作安装	t	3.481	11064.72	1797.49	5412.61	3041.79	561.18	251.65	38516
	C5-2314	设备框架制作安装跨度10m以内	t	3.481	11064.72	1797.49	5412.61	3041.79	561.18	251.65	38516
2	031201003001	金属结构刷油	kg	3481	2.42	1.13	0.49	0.41	0.23	0.16	8424
	C14-0007	手工除锈一般钢结构轻锈	100kg	34.81	51.19	31.2	1.09	8.13	6.4	4.37	1782
	C14-0119	一般钢结构防锈漆第一遍	100kg	34.81	49.09	21.12	12.54	8.13	4.34	2.96	1709
	C14-0120	一般钢结构防锈漆第二遍	100kg	34.81	45.97	20.16	10.72	8.13	4.14	2.82	1600
	C14-0128	一般钢结构磁漆第一遍	100kg	34.81	48.34	20.16	13.09	8.13	4.14	2.82	1683
	C14-0129	一般钢结构磁漆第二遍	100kg	34.81	47.06	20.16	11.81	8.13	4.14	2.82	1638
3	030104007001	滑车	台	1	1179.9	485.65	526.57		99.69	67.99	1180
	C1-0380	电动葫芦起重量2t以内	台	1	1179.9	485.65	526.57		99.69	67.99	1180
4	030105001001	65Ω滑轨	m	64.5	242.26	99.97	99.45	8.32	20.52	14	15626
	C1-0455	悬挂输送链钢轨安装轨道型号Ⅰ10	10m	6.45	2381.68	999.72	953.61	83.17	205.22	139.96	15362

综合单价分析表　　　　　　　　　表 3-9

工程名称：钢结构框架及工艺配管、配线工程　　　　标段：　　　第 2 页共 8 页

| 序号 | 项目编码 | 项目名称 | 计量单位 | 工程数量 | 综合单价 | 其中 | | | | | 合价 |
						人工费	材料费	机械费	企业管理费	利润	
	B12	轨道封头安装	个	8	33		33				264
5	030101001001	焊机	台	4	655.78	99.3	474.66	47.54	20.38	13.9	2623
	C1-0001 换	台式及仪表机床设备重量 0.3t 以内 [单价 ×0.5]	台	4	655.78	99.3	474.66	47.54	20.38	13.9	2623
6	030101001002	焊钳	套	7	421.49	59.58	312.82	28.52	12.23	8.34	2950
	C1-0001 换	台式及仪表机床设备重量 0.3t 以内 [单价 ×0.3]	台	7	421.49	59.58	312.82	28.52	12.23	8.34	2950
7	030101001003	平衡器	套	7	725.3	19.86	689.07	9.51	4.08	2.78	5077
	C1-0001 换	台式及仪表机床设备重量 0.3t 以内 [单价 ×0.1]	台	7	725.3	19.86	689.07	9.51	4.08	2.78	5077
8	030101001004	平衡器	套	7	1096.17	19.86	1059.94	9.51	4.08	2.78	7673
	C1-0001 换	台式及仪表机床设备重量 0.3t 以内 [单价 ×0.1]	台	7	1096.17	19.86	1059.94	9.51	4.08	2.78	7673
9	030801001001	热浸镀锌钢管 *DN*100	m	30	71.21	19.27	33.61	11.67	3.96	2.7	2136

综合单价分析表　　　　　　表 3-10

工程名称：钢结构框架及工艺配管、配线工程　　　　　标段：　　　第 3 页共 8 页

| 序号 | 项目编码 | 项目名称 | 计量单位 | 工程数量 | 综合单价 | 其中 | | | | | 合价 |
						人工费	材料费	机械费	企业管理费	利润	
	C6-0062	低压碳钢管（氩电联焊）DN100 以内	10m	3	596.71	124.69	318.5	110.47	25.59	17.46	1790
	C6-3114	低中压管道液压试验 DN100 以内	100m	0.3	642.34	425.04	37.45	33.09	87.25	59.51	193
	C6-3161	管道系统水冲洗 DN100 以内	100m	0.3	511.21	255.25	138.98	28.85	52.4	35.73	153
10	030801001002	热浸镀锌钢管 DN25	m	20	26.94	13.34	8.41	0.58	2.74	1.87	539
	C6-0003	低压钢管（螺纹连接）DN25 以内	10m	2	166.15	67.68	74.93	0.17	13.89	9.48	332
	C6-3114	低中压管道液压试验 DN100 以内	100m	0.2	642.34	425.04	37.45	33.09	87.25	59.51	128
	C6-3160	管道系统水冲洗 DN50 以内	100m	0.2	389.69	232.32	54.14	23.02	47.69	32.52	78
11	030804001001	热浸镀锌钢管 DN100 弯头	个	1	150.06	44.06	40.43	50.36	9.05	6.17	150
	C6-0757	低压碳钢管件（氩电联焊）DN100	10 个	0.1	1500.63	440.64	404.25	503.6	90.45	61.69	150
12	030804001002	热浸镀锌钢管 DN25 弯头	个	4	25.36	14.9	5.06	0.25	3.06	2.09	101
	C6-0710	低压碳钢管件（螺纹连接）DN25 以内	10 个	0.4	253.58	149.04	50.56	2.52	30.59	20.87	101

综合单价分析表 表 3-11

工程名称：钢结构框架及工艺配管、配线工程　　　　标段：　　第 4 页共 8 页

序号	项目编码	项目名称	计量单位	工程数量	综合单价	其中					合价
						人工费	材料费	机械费	企业管理费	利润	
13	030807003001	法兰式橡胶密封偏心蝶阀 DN100	个	2	603.56	77.65	488.72	10.38	15.94	10.87	1207
	C6-1436	低压法兰阀门 DN100 以内	个	2	603.56	77.65	488.72	10.38	15.94	10.87	1207
14	030807001001	截止阀 DN25	个	8	74.75	24.61	34.62	7.03	5.05	3.44	598
	C6-1418	低压螺纹阀门 DN25 以内	个	8	74.75	24.61	34.62	7.03	5.05	3.44	598
15	030810002001	低压碳钢焊接法兰 DN100	副	2	172.75	39.49	92.4	27.22	8.11	5.53	346
	C6-1680	低压碳钢平焊法兰（电弧焊）DN100	付	2	145.55	39.49	65.2	27.22	8.11	5.53	291
	BJ1	螺栓 M16×65	套	32	1.7			1.7			54
16	030801001003	热浸镀锌钢管 DN80	m	15	50.09	16.19	24.84	3.47	3.32	2.27	751
	C6-0061	低压碳钢管（氩电联焊）DN80 以内	10m	1.5	406.39	103.57	240.31	26.75	21.26	14.5	610
	C6-3114	低中压管道液压试验 DN100 以内	100m	0.15	642.34	425.04	37.45	33.09	87.25	59.51	96
	C6-3168	管道系统空气吹扫 DN100 以内	100m	0.15	302.36	157.81	43.23	46.84	32.39	22.09	45

综合单价分析表　　　　　　表 3-12

工程名称：钢结构框架及工艺配管、配线工程　　　　　标段：　　　第 5 页共 8 页

序号	项目编码	项目名称	计量单位	工程数量	综合单价	人工费	材料费	机械费	企业管理费	利润	合价
17	030801001004	热浸镀锌钢管 DN20	m	10	22.01	11.52	5.75	0.77	2.37	1.61	220
	C6-0002	低压钢管（螺纹连接）DN20 以内	10m	1	130.42	59.41	50.41	0.09	12.19	8.32	130
	C6-3114	低中压管道液压试验 DN100 以内	100m	0.1	642.34	425.04	37.45	33.09	87.25	59.51	64
	C6-3167	管道系统空气吹扫 DN50 以内	100m	0.1	254.87	133.09	33.29	42.54	27.32	18.63	25
18	030804001003	热浸镀锌钢管 DN80 弯头	个	2	99.77	34.13	22.28	31.57	7.01	4.78	200
	C6-0756	低压碳钢管件（氩电联焊）DN80 以内	10 个	0.2	997.67	341.28	222.82	315.73	70.06	47.78	200
19	030804001004	热浸镀锌钢管 DN20 弯头	个	4	18.9	11.65	3.1	0.12	2.39	1.63	76
	C6-0709	低压碳钢管件（螺纹连接）DN20 以内	10 个	0.4	188.97	116.53	30.99	1.22	23.92	16.31	76
20	030807003002	球阀 Q41F-16CDN80	个	1	605.04	58.45	516.71	9.7	12	8.18	605
	C6-1435	低压法兰阀门 DN80 以内	个	1	605.04	58.45	516.71	9.7	12	8.18	605
21	030807001002	球阀 Q11F-16CDN20	个	4	229.33	21.6	193.25	7.03	4.43	3.02	917
	C6-1417	低压螺纹阀门 DN20 以内	个	4	229.33	21.6	193.25	7.03	4.43	3.02	917

综合单价分析表   表 3-13

工程名称：钢结构框架及工艺配管、配线工程   标段：   第 6 页共 8 页

序号	项目编码	项目名称	计量单位	工程数量	综合单价	其中					合价
						人工费	材料费	机械费	企业管理费	利润	
22	030810002002	低压碳钢焊接法兰 DN80 1.6MPa	副	1	166.8	35.04	98.35	21.31	7.19	4.91	167
	C6-1679	低压碳钢平焊法兰（电弧焊）DN80 以内	付	1	138	35.04	69.55	21.31	7.19	4.91	138
	BJ1	螺栓 M16×70	套	16	1.8		1.8				29
23	030404015001	操作台	台	1	29246.45	640.02	28299.49	85.95	131.38	89.61	29246
	C2-0299	控制台安装 1m 以内	台	1	28882.75	525.97	28110.93	64.24	107.97	73.64	28883
	C2-2016	基础槽钢安装	10m	0.6	606.17	190.08	314.27	36.19	39.02	26.61	364
24	030404017001	控制柜	台	1	14740.44	390.27	14129.04	86.38	80.12	54.63	14740
	C2-0303	成套配电箱安装落地式	台	1	14558.59	333.25	14034.76	75.52	68.41	46.65	14559
	C2-2016	基础槽钢安装	10m	0.3	606.17	190.08	314.27	36.19	39.02	26.61	182
25	030404017002	配电箱	台	1	1013.96	137.76	828.63		28.28	19.29	1014
	C2-0304	成套配电箱安装悬挂嵌入式半周长 0.5m	台	1	1013.96	137.76	828.63		28.28	19.29	1014
26	030404033001	风扇	台	2	330.82	39.49	277.69		8.11	5.53	662
	C2-0450	吊风扇	台	2	330.82	39.49	277.69		8.11	5.53	662
27	030411006001	接线盒	个	8	7.79	4.13	2.24		0.85	0.58	62
	C2-1546	接线盒暗装接线盒	10个	0.8	77.91	41.28	22.38		8.47	5.78	62
28	030412005001	节能双管荧光灯	套	6	383.17	25.06	349.46		5.14	3.51	2299
	C2-2003	荧光灯具安装成套型吸顶式双管	10套	0.6	3831.7	250.56	3494.63		51.43	35.08	2299

综合单价分析表　　　　　　　　　　表 3-14

工程名称：钢结构框架及工艺配管、配线工程　　　标段：　　　　第 7 页共 8 页

| 序号 | 项目编码 | 项目名称 | 计量单位 | 工程数量 | 综合单价 | 其中 | | | | | 合价 |
						人工费	材料费	机械费	企业管理费	利润	
29	030404034001	跷板式双联单控暗开关	个	1	25.66	8.17	14.66		1.68	1.14	26
	C2-0382	扳式暗开关安装单控双联	10 套	0.1	256.56	81.73	146.61		16.78	11.44	26
30	030411006002	接线盒	个	1	7.47	4.41	1.55		0.9	0.62	7
	C2-1547	接线盒暗装开关盒	10 个	0.1	74.74	44.05	15.48		9.04	6.17	7
31	030411004001	聚氯乙烯绝缘导线	m	510	2.8	0.92	1.56		0.19	0.13	1428
	C2-1572	照明线路管内穿铜芯导线截面 2.5mm² 以内	100m	5.1	279.52	91.81	156.01		18.85	12.85	1426
32	030411001001	配管	m	100	26.04	11.55	10.01	0.49	2.37	1.62	2604
	C2-1363	钢管敷设砖、混凝土结构明配 DN20	100m	1	2603.51	1154.88	1001.17	48.71	237.07	161.68	2604
33	030408001001	电力电缆	m	80	142.98	4.2	136.78	0.54	0.86	0.59	11438
	C2-0847	1kV 铜芯电缆穿导管敷设截面 95mm² 以内	100m	0.8	14297.63	419.89	13678.49	54.28	86.19	58.78	11438
34	030408006001	电力电缆头	个	2	197.65	82.69	86.41		16.97	11.58	395
	C2-0876	户内干包式电力电缆头制作、安装干包终端头 1kV 以下截面 120mm² 以下	个	2	197.65	82.69	86.41		16.97	11.58	395

综合单价分析表　　　　　　　　表 3-15

工程名称：钢结构框架及工艺配管、配线工程　　　　标段：　　　第 8 页共 8 页

| 序号 | 项目编码 | 项目名称 | 计量单位 | 工程数量 | 综合单价 | 其中 | | | | | 合价 |
						人工费	材料费	机械费	企业管理费	利润	
35	030408004001	大跨距电缆桥架	m	25	133.56	33.5	87.32	1.17	6.88	4.69	3339
	C2-1077	钢制梯式桥架安装 宽 + 高 500mm	10m	2.5	1335.59	335.04	873.2	11.66	68.78	46.91	3339
36	030413001001	铁构件	kg	100	27.8	1.36	3.62	2.17	3.36	2.29	2780
	C2-2018	一般铁构件制作	100kg	1	1800.26	991.44	343.71	122.79	203.52	138.8	1800
	C2-2019	一般铁构件安装	100kg	1	980.03	644.4	18.5	94.63	132.28	90.22	980
37	030414002001	送配电装置系统	系统	2	970.57	648	4.33	94.5	133.02	90.72	1941
	C2-1287	送配电装置系统调试 1kV 以下交流供电综合	系统	2	970.57	648	4.33	94.5	133.02	90.72	1941
		×C6 工业管道工程脚手架搭拆费	元		89	22	67				89
		×C2 电气设备安装脚手架搭拆费	元		514	129	386				514
		×C5 静置设备制作以外项目脚手架搭拆费	元		657	164	493				657

总价措施项目清单与计价表　　　　表 3-16

工程名称：钢结构框架及工艺配管、配线工程　　　　标段：　　　　第 1 页共 1 页

序号	项目编码	项目名称	计算基础	费率（%）	金额（元）	调整费率（%）	调整后金额（元）	备注
1	031302001001	安全文明施工	人工费	5.56	1342			
2	031302002001	夜间施工						
3	031302003001	非夜间施工照明						
4	031302004001	二次搬运	人工费	0.3	72			
5	031302005001	雨期施工	人工费	0.38	92			
6	031302005002	冬期施工						
7	031302006001	已完工程及设备保护						
8	031302007001	高层施工增加						
9	031302008001	工程定位复测费	人工费	0.49	118			
10	031302009001	脚手架搭拆			1260			
合计					2884			

其他项目清单与计价汇总表

表 3-17

工程名称：**钢结构框架及工艺配管、配线工程**　　　标段：　　第 1 页共 1 页

序号	项目名称	金额（元）	结算金额（元）	备注
1	暂列金额			按招标文件要求
2	暂估价			按招标文件要求
2.1	材料（工程设备）暂估价	—		按招标文件要求
2.2	专业工程暂估价			按招标文件要求
3	计日工			按招标文件要求
4	总承包服务费			按招标文件要求
5	索赔与现场签证			按招标文件要求
	合计		—	—

注：此表根据项目实际情况或招标文件要求填写。

规费、税金项目计价表

表 3-18

工程名称：钢结构框架及工艺配管、配线工程 标段： 第 1 页共 1 页

序号	项目名称	计算基础	计算基数	计算费率（％）	金额（元）
1	规费	1.1+1.2+1.3+1.4+1.5			3495
1.1	社会保障费	（1）＋（2）＋（3）			3130
（1）	养老保险费、失业保险费、医疗保险费、住房公积金	定额人工费	24137	11.94	2882
（2）	工伤保险费	定额人工费	24137	0.61	147
（3）	生育保险费	定额人工费	24137	0.42	101
1.2	工程排污费	定额人工费	24137	0.3	72
1.3	工程检测费	按规定计取			
1.4	残疾人就业保障金	定额人工费	24137	0.48	116
1.5	防洪基础设施建设资金及副食品价格调节基金	本项前造价	168571	0.105	177
2	税金	税前造价	168445	17	28636
合计					32131

承包人提供主要材料和工程设备一览表　　　表 3-19

工程名称：钢结构框架及工艺配管、配线工程　　　标段：　　　第 1 页共 3 页

序号	名称、规格、型号	单位	数量	风险系数（％）	基准单价（元）	投标单价（元）	发承包人确认单价(元)	备注
1	接线盒	个	8.16		1			
2	圆钢 φ10～φ14	kg	8		2.5			
3	角钢（综合）	kg	75		2.5			
4	扁钢 -25×40	kg	22		2.8			
5	主材	t	3.69		2400			
6	水	t	3.753		9			
7	酚醛磁漆	kg	48.734		15			
8	酚醛防锈漆	kg	59.177		12			
9	综合工日	工日	229.825		120			
10	钢制梯式桥架 DJ-T-10-2（200×100）不带盖板	m	25.125		88			
11	球阀 Q11F-16C DN20	个	4.08		200			
12	成套配电箱落地式	台	1		15000			
13	成套配电箱悬挂嵌入式半周长0.5m	台	1		860			
14	扳式暗开关单控双联	套	1.02		15			
15	吊风扇	台	2		288			

承包人提供主要材料和工程设备一览表　　　　　表 3-20

工程名称：钢结构框架及工艺配管、配线工程　　　　标段：　　第 2 页共 3 页

序号	名称、规格、型号	单位	数量	风险系数(%)	基准单价(元)	投标单价(元)	发承包人确认单价(元)	备注
16	开关盒	个	1.02		1			
17	铜芯绝缘导线 2.5mm²	m	586.5		1.34			
18	荧光灯具成套型吸顶式双管	套	6.06		368			
19	镀锌钢管 DN20	m	102		6.05			
20	热浸镀锌钢管 DN100	m	28.71		34.5			
21	热浸镀锌钢管 DN25	m	20		7.97			
22	热浸镀锌钢管 DN25 弯头	个	4		4.8			
23	法兰式橡胶密封偏心蝶阀 DN100	个	2		518			
24	低压碳钢焊接法兰 DN100	片	4		32			
25	截止阀 DN25	个	8.08		33.6			
26	热浸镀锌钢管 DN20	m	10		5.36			
27	热浸镀锌钢管 DN20 弯头	个	4		3			

承包人提供主要材料和工程设备一览表 　　　　表 3-21

工程名称：钢结构框架及工艺配管、配线工程 　　　标段： 　　　第 3 页共 3 页

序号	名称、规格、型号	单位	数量	风险系数（%）	基准单价（元）	投标单价（元）	发承包人确认单价（元）	备注
28	球阀 DN80 Q41F-16C	个	1		549			
29	65Ω 滑轨	m	64.5		89.7			
30	焊机 DNT-3	台	4		500			
31	滑车	台	1		520			
32	焊钳	台	7		330			
33	平衡器 AT-15	台	7		736			
34	平衡器 AT-50	台	7		1133			
35	YJV-1KV2×95+1×50	m	80.4		145			
36	C10 槽钢	m	9		30			
37	操作台	台	1		30000			
38	热浸镀锌钢管 DN80	m	14.355		26.08			
39	热浸镀锌钢管 DN80 弯头	个	2		18			
40	低压碳钢焊接法兰 DN80，1.6MPa	片	2		35			
41	热浸镀锌钢管 DN100 弯头	个	1		34.8			

单位工程费用汇总表　　　　表 3-22

工程名称：××工位工装设备

序号	名称	计算式	费率	金额（元）	备注
一	制作费				
1	材料费	见表 3-23		7472.25	（含辅助材料）
2	加工费	见表 3-24		45832.50	
3	专用工具费	（1+2）×费率	1.5%	799.57	
4	废品损失费	（1+2+3）×费率	10%	5410.43	
5	外购件费	见表 3-25		31460.00	
6	包装费	（1+2+3+4+5）×费率	1%	909.75	
7	管理费	（1+2+3+4+5+6）×费率	5%	4594.23	
8	利润	（1+2+3+4+6+7）×费率	8%	5201.50	
9	税金	（1+2+3+4+5+6+7+8）×费率	17%	17285.64	
10	设计费	（1+2+3+4+5+6+7+8+9）×费率	8%	9517.27	
11	设备造价			128483.14	
二	安装费			25696.63	按设备造价 20%
三	合计			154179.77	

表 3-23

材料费计算表

工程名称：××工位工装设备

| 序号 | 名称 | 图号 | 材料重量（kg） | | | | 材料费 | | | | | | |
			不锈钢	碳钢	镀锌	重量合计	不锈钢材料基价	碳钢材料基价	镀锌材料基价	材料损耗 15%~30%	辅助材料费 8%	材料费合计
1	××工位-上件夹具	ZHX-01		2025		2025		6075.00		911.25	486.00	7472.30
2												
3												
4												
小计												7472.30

加工费计算表　　　　表3-24

工程名称：××工位工装夹具

序号	项目内容			材料重量（kg）		材料费（元/kg）		加工费（人工＋机械）																未税合计
	名称	代号	数量	单件重量	总重	单价	总价	车 30元/时		铣 35元/时		磨 40元/时		数控 100元/时		钳工 30元/时		钣金铆焊 35元/时		表面处理 0.5元/kg		热处理2元/kg		
				kg	kg	元	元	单件工时 小时	加工费总价 元	单件工时 小时	加工费总价 元	单件工时 小时	加工费总价 元	单件工时 小时	加工费总价 元	单件工时 小时	加工费总价 元	单件工时 小时	加工费总价 元	材料重量×单价	加工费总价	材料重量×单价	加工费总价	
1	××工位-上件夹具	ZHX-01	1	2025	2025	3	6075	32	960	16	560		0	40	4000	1100	33000	180	6300		1013			45833
2																								
3																								
4																								
合计				2025	2025		6075		960		560		0		4000		33000		6300		1013			45833

注：1. 加工工时依据产品制作工艺制定。

2. 加工费工时单价依据国家标准、各企业定额标准及市场价格制定。

外购件费计算表 表 3-25

工程名称：工位工装设备

序号	零部件名称	数量	规格型号	供应商	单价	合计
1	接近开关	10	Fi15-M30-OP6L-Q12	ELCO	170	1700
2	连接线	10	CO12.3-2-C12.3	ELCO	90	900
3	双肘接头	3	Y-05M	SMC	200	600
4	锁紧螺母	3	NT-05	SMC	30	90
5	连接座	3	MB-B05	SMC	100	300
6	防松螺帽	3	UNUT8	MISUMI	20	60
7	夹紧气缸	15	CK1B63-100YA-P3DWSE	SMC	800	12000
8	衬套	30	CSB-101215	CSB	10	300
9	导轨	2	HSR30A2UU-520L-II	THK	800	1600
10	气缸	1	MDBT63-170-P3DWSE	SMC	800	800
11	无油衬套	1	JDB650303860	CSB	40	40
12	薄型气缸	2	CDQ2B63-30DM-P3DWSE	SMC	1000	2000
13	球阀	1	BLV-4	SMC	50	50
14	三通接头	1	TFA-4	SMC	20	20
15	快换接头	1	SM-40	SMC	30	30
16	弯头	1	FNE-44	SMC	20	20
17	短丝	2	DNS-4	SMC	20	40
18	气动组合元件	1	AC40B-04DG-STV	SMC	800	800
19	三连件用防护罩	2	J1401-1	SMC	200	400
20	消声器	1	AN302-03	SMC	40	40
21	软管	1	TRBU1208B　5m	SMC	100	100
22	接头	2	KRL12-04S	SMC	20	40
23	丝堵	6	PLUG1/2	SMC	20	120
24	弯头	12	KRL10-03S	SMC	20	240
25	弯头	4	KRL10-02S	SMC	20	80
26	消音器	4	AN402-04	SMC	50	200

续表

序号	零部件名称	数量	规格型号	供应商	单价	合计
27	两位五通电磁阀	6	EVS7-8-FG-D-3ZMO	SMC	600	3600
28	阀板	1	VV722-03R-04D	SMC	200	200
29	阀板	1	VV724-03R-04D	SMC	200	200
30	节流接头	12	AS2201F-02-10S	SMC	50	600
31	节流接头	8	AS3201F-03-10S	SMC	50	400
32	Y形三通管接头	10	KRU10-00	SMC	30	300
33	T形三通管接头	2	KRT10-00	SMC	30	60
34	Y形三通管接头	1	KRU12-00	SMC	30	30
35	软管	1	TRBU1065B-20	SMC	1500	1500
36	软管	1	TRBU1065BU-20	SMC	1500	1500
37	气阀用防护罩	1	J1401-5-400		500	500
	合计					31460

案例二

1. 工程概况

在××轿车总装生产线上一台前减震器弹簧压装机，设备外观图见图 3-4～图 3-10。

设备主要由 11 个部件组成，如：支架机构、升降机构、减震杆夹紧机构……二次定位发号等。该设备结构特点为，70%以上的零部件都是通过金切设备的加工来保证各部件的尺寸和位置精度，其中，有些支架也是焊接组合后再经过金切加工来保证各项精度要求的，设备整体技术指标是靠机械加工和钳工装配来实现的。这是一台比较典型的用于汽车线上的非标准压装机。

此案例分两个阶段计算设备造价：（1）前期预算或投标阶段；（2）实施及竣工结算阶段。

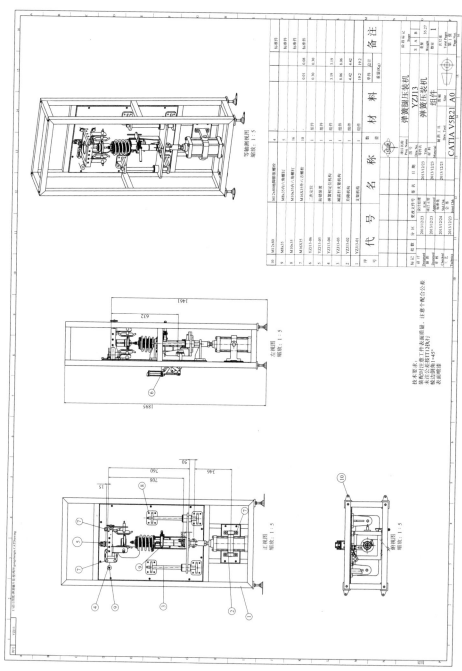

图 3-4 新制设备总图

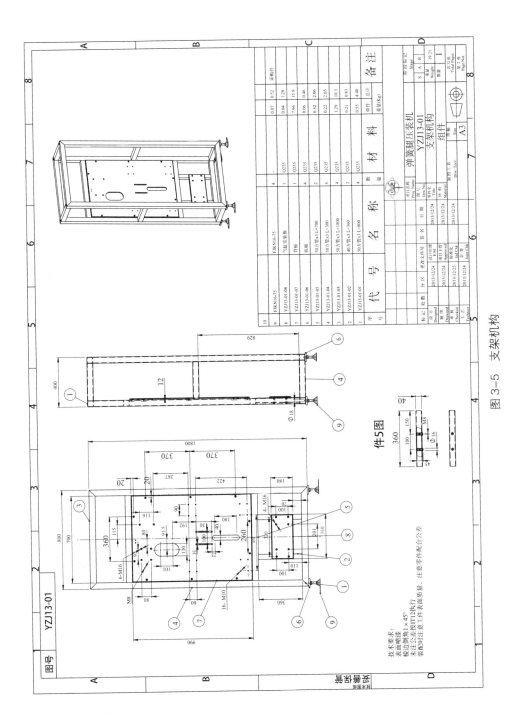

图 3-5　支架机构

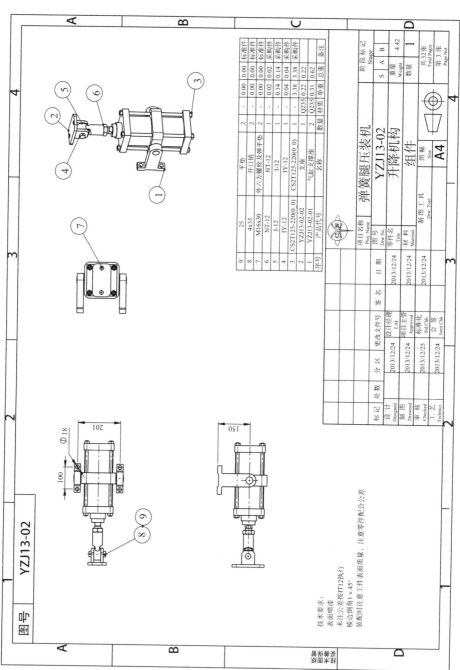

图 3-6 升降机构

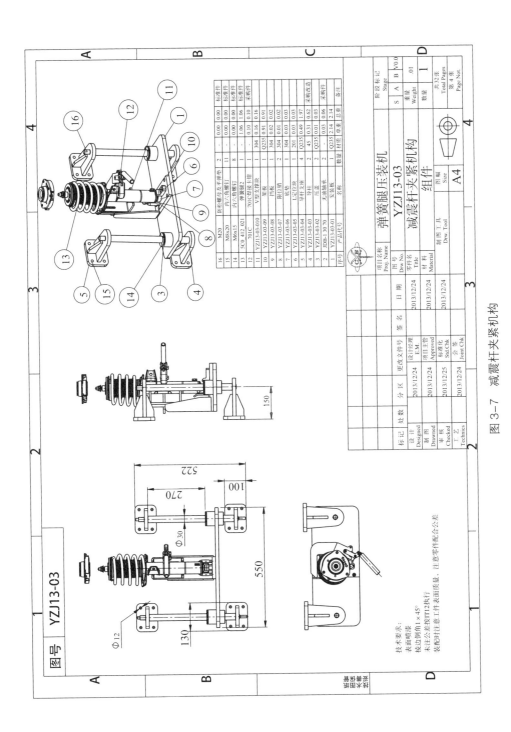

图 3-7 减震杆夹紧机构

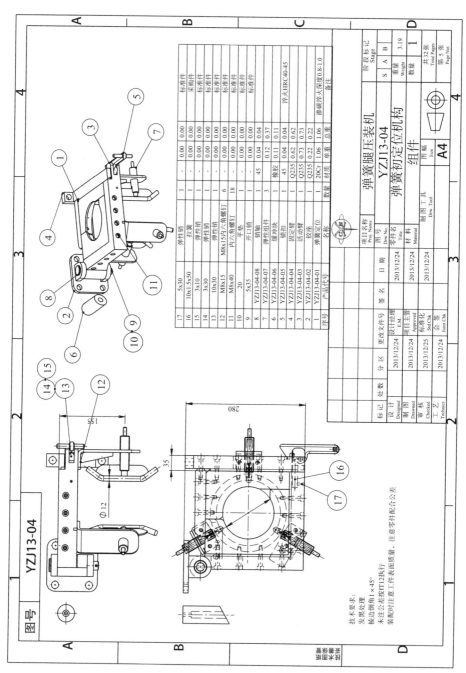

图 3-8　弹簧初定位机构

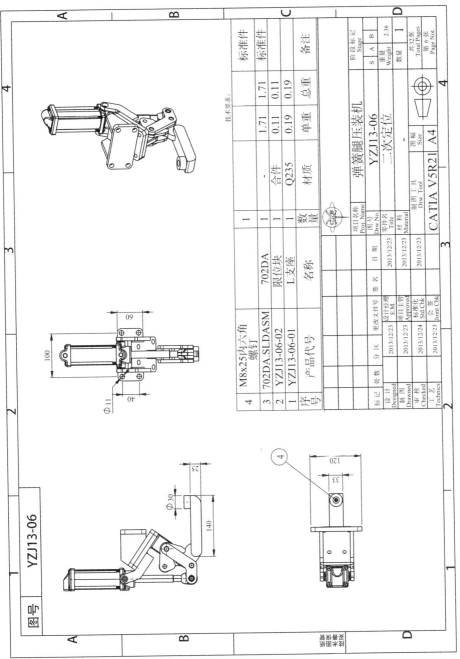

图 3-9　二次定位机构

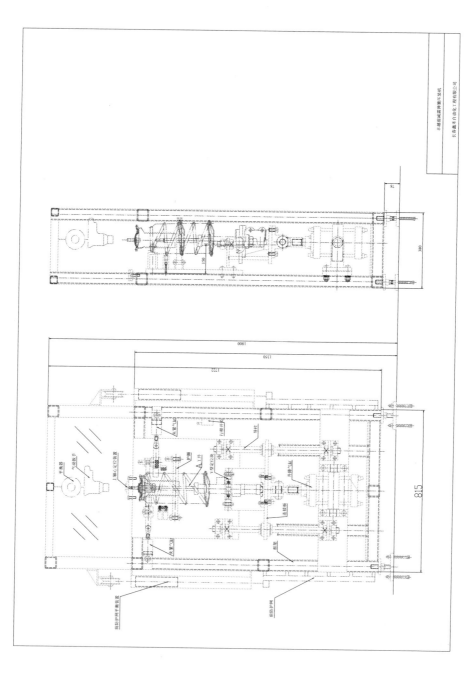

图 3-10 初期方案图

2. 投标报价的编制

根据该项目特征，预算造价或投标阶段宜采用综合估价法。

用户提供类似设备（实物）参考；提出设备功能的技术要求；设计者对现场实物的勘察；确定设计初期方案；根据初期方案，做成本预算参与投标。见表 3-26 ~ 表 3-29。

前减震弹簧压装机制作、安装 工程

投标总价

投 标 人： _____

（单位盖章）

×× 年 ×× 月 ×× 日

报价汇总表   表 3-26

序号	名称	单价（元）	数量	总价（元）	备注
1	前减震弹簧压装机	79428	1	79428	
2					
	合计			79428	

取费汇总表   表 3-27

序号	内容	说明	费率	金额（元）	备注
一	设备费				
1	材料费	C_{m1}：主材费（不含外购）		3805	见表 3-28
2	主材成本	$（C_{m1}÷K_m）－C_{m1}$	18%	17333	
3	外购件费	C_{m2}：主要外购件费		23889	见表 3-29
	小计			45027	
4	利润	K_p：成本利润率	10%	4503	
5	增值税	K_t：销售税金率	17%	7655	
6	设计费	K_d：非标准设备设计费率	20%	9005	
7	设备总造价 P			66190	
二	安装费			13238	按设备费20%
合计				79428	

注：$P=（C_{m1}÷K_m+C_{m2}）×（1+K_p）×（1+K_t）×（1+K_d÷n）$

材料费计算表 表 3-28

序号	材料名称	型号规格	单位	数量	单重（净重）	主材损耗为10%	单重（含损耗）	总重	单价	材料金额
1	气缸连接耳座	45	件	2	12	1.2	13.2	26.4	3	79
2	吊耳	45	件	1	28	2.8	30.8	30.8	3	92
3	销轴	45	件	1	5	0.5	5.5	5.5	3	17
4	V形定位块	尼龙	件	1	2	0.2	2.2	2.2	70	154
5	可转动部V形定位块	45	件	2	8	0.8	8.8	17.6	3	53
6	V形定位块	尼龙	件	1	2	0.2	2.2	2.2	70	154
7	气缸调整垫	35	件	2	1	0.1	1.1	2.2	3	7
8	右气缸伸出支架	Q235	件	1	18	1.8	19.8	19.8	4	79
9	弹簧挡圈	35	件	1	1	0.1	1.1	1.1	5	6
10	护圈	35	件	1	1	0.1	1.1	1.1	5	6
11	弹簧挡圈	尼龙	件	1	1	0.1	1.1	1.1	70	77
12	减震器杆固定板	尼龙	件	1	2	0.2	2.2	2.2	70	154
13	销轴	20	件	1	3	0.3	3.3	3.3	5	17
14	销轴	35	件	1	1	0.1	1.1	1.1	5	6
15	销轴	35	件	1	1	0.1	1.1	1.1	5	6
16	销轴	35	件	1	1	0.1	1.1	1.1	5	6
17	弹簧压块	35	件	1	2	0.2	2.2	2.2	5	11
18	套	尼龙	件	1	1	0.1	1.1	1.1	70	77
19	套	尼龙	件	1	1	0.1	1.1	1.1	70	77
20	左气缸支撑块	35	件	1	6	0.6	6.6	6.6	5	33

续表

序号	材料名称	型号规格	单位	数量	单重（净重）	主材损耗为10%	单重（含损耗）	总重	单价	材料金额
21	左气缸支撑块	35	件	1	6	0.6	6.6	6.6	5	33
22	销轴	35	件	1	1	0.1	1.1	1.1	5	6
23	销轴	35	件	1	1	0.1	1.1	1.1	5	6
24	支架	Q235	件	1	360	36	396	396	3	1188
25	导向柱	45	件	2	24	2.4	26.4	52.8	3	158
26	支块	35	件	1	30	3	33	33	5	165
27	导向柱支架	Q235	件	4	6	0.6	6.6	26.4	4	106
28	左气缸伸缩支架	Q235	件	1	10	1	11	11	4	44
29	透明塑料板		件	1	3	0.3	3.3	3.3	40	132
30	侧防护网	Q235	件	2	16	1.6	17.6	35.2	4	141
31	平衡器支架	Q235	件	1	14	1.4	15.4	15.4	4	62
32	调整地脚	Q235	件	4	4	0.4	4.4	17.6	4	70
33	前罩防护网	Q235	件	1	18	1.8	19.8	19.8	4	79
34	前罩导向块	35	件	4	2	0.2	2.2	8.8	3	26
35	导向杆	35	件	2	12	1.2	13.2	26.4	3	79
36	导向杆座	35	件	4	2	0.2	2.2	8.8	3	26
37	平衡套筒	35	件	2	6	0.6	6.6	13.2	5	66
38	平衡块（杆）	35	件	2	10	1	11	22	5	110
39	滑轮	45	件	2	8	0.8	8.8	17.6	5	88
40	滑轮支架	Q235	件	2	2	0.2	2.2	4.4	3	13

续表

序号	材料名称	型号规格	单位	数量	单重（净重）	主材损耗为10%	单重（含损耗）	总重	单价	材料金额
41	销轴	35	件	2	1	0.1	1.1	2.2	5	11
42	控制台	Q235	件	1	20	2	22	22	4	88
	合计				653					3805

外购件费计算表　　　　表 3-29

序号	零部件名称	型号	名称	规格	材质	数量	单位	单价（元）	总价（元）	备注
1	设备		标准件		45号	1	套	650.0	650.0	
2	设备		气动扳手		合件	1	套	9736.0	9736.0	日本原装进口
3	设备		平衡器	3～4.5kg	合件	1	套	583.0	583.0	国产优质
4	气路系统	AN30-03	辅助设备		合件	3	件	38.0	114.0	SMC
5	气路系统	VHS40-04	机械阀		合件	1	件	390.0	390.0	SMC
6	气路系统	Y400T-A	空气洁净器辅件		合件	1	件	50.0	50.0	SMC
7	气路系统	AW40-04DG-A	空气洁净器		合件	1	件	718.0	718.0	SMC
8	气路系统	VM130-01-33	机械阀		合件	6	件	228.0	1368.0	SMC
9	气路系统	KQ2L06-01AS	接头		合件	20	件	13.0	260.0	SMC
10	气路系统	KQ2T10-00A	接头		合件	5	件	25.0	125.0	SMC
11	气路系统	KQ2R06-10A	接头		合件	1	件	18.0	18.0	SMC
12	气路系统	KQ2T06-00A	接头		合件	5	件	20.0	100.0	SMC
13	气路系统	VPA342-1-01A	机械阀		合件	1	件	415.0	415.0	SMC
14	气路系统	AN10-01	辅助设备		合件	1	件	26.0	26.0	SMC

续表

序号	零部件名称	型号	名称	规格	材质	数量	单位	单价（元）	总价（元）	备注
15	气路系统	VFA5220-03	机械阀		合件	2	件	968.0	1936.0	SMC
16	气路系统	AS3002F-10	调速阀		合件	2	件	115.0	230.0	SMC
17	气路系统	KQ2L10-04AS	接头		合件	5	件	25.0	125.0	SMC
18	气路系统	AS2201F-01-10SA	调速阀		合件	4	件	78.0	312.0	SMC
19	气路系统	VM131-01-01	机械阀		合件	1	件	167.0	167.0	SMC
20	气路系统	CS1TN140-150	气缸		合件	1	件	3080.0	3080.0	SMC
21	气路系统	I-14	气缸辅件		合件	1	件	416.0	416.0	SMC
22	气路系统	CQ2D40-50DZ	气缸		合件	2	件	572.0	1144.0	SMC
23	气路系统	I-G04	气缸辅件		合件	2	件	78.0	156.0	SMC
24	气动系统	KQ2H10-03AS	接头		合件	10	件	15.0	150.0	SMC
25	气路系统	3/8"	气管		橡胶	60	m	11.0	660.0	台湾亚德客
26	气动系统	1/2"	气管		橡胶	60	m	16.0	960.0	台湾亚德客
合计									23889	

3. 竣工结算的编制

根据该项目特征，结算阶段及决算阶段宜采用成本估价法和清单计价法。

（1）设备制作采用成本估价法

依据设计制造图纸，核算零件加工、部件装配、组装、调试，直至该设备完成制造工作等各项费用。

根据工程需要计取设备的包装、吊装、运输至安装现场等各项费用。见表 3-30 ~ 表 3-34。

结算汇总表　　　　　　　　表 3-30

序号	名称	单价（元）	数量	总价（元）	备注
1	前减震弹簧压装机制作	61981	1	67468	成本法
2	前减震弹簧压装机安装	4371	1	4637	清单法
	合计			72105	

取费汇总表　　　　　　　　表 3-31

序号	名称	计算式	费率	金额（元）	备注
1	材料费	见表 3-32		1327.32	（含辅助材料）
2	加工费	见表 3-33		20942.47	
3	专用工具费	（1+2）× 费率	1.5%	334.05	
4	废品损失费	（1+2+3）× 费率	10%	2260.38	
5	外购件费	见表 3-34		23387.62	
6	包装费	（1+2+3+4+5）× 费率	1%	482.52	
7	管理费	（1+2+3+4+5+6）× 费率	5%	2436.72	
8	利润	（1+2+3+4+6+7）× 费率	8%	2222.68	
9	税金	（1+2+3+4+5+6+7+8）× 费率	17%	9076.94	
10	设计费	（1+2+3+4+5+6+7+8+9）× 费率	8%	4997.66	
	设备造价			67468.36	

材料费计算表

表 3-32

序号	名称	图号	材料重量（kg）				材料费					
			不锈钢	碳钢	镀锌	重量合计	不锈钢材料基价	碳钢材料基价	镀锌材料基价	材料损耗10%~30%	辅助材料费8%	材料费合计
1	支架机构	YZJ13-01		160.11		160.11		480.32		48.03	38.43	566.8
2	升降机构	YZJ13-02		45.30		45.30		135.91		13.59	10.87	160.4
3	减震杆夹紧机构	YZJ13-03		50.87		50.87		152.60		15.26	12.21	180.1
4	弹簧粗定位机构	YZJ13-04		67.82		67.82		203.47		20.35	16.28	240.1
5	防错装置	YZJ13-05		1.68		1.68		5.03		0.50	0.40	5.9
6	二次定位	YZJ13-06		2.12		2.12		6.36		0.64	0.51	7.5
7	安全阀板	YZJ13-07		1.53		1.53		4.59		0.46	0.37	5.4
8	二次定位发号	YZJ13-08		1.23		1.23		3.68		0.37	0.29	4.3
9	压板	YZJ13-09		1.57		1.57		4.70		0.47	0.38	5.5
10	护板	YZJ13-010		32.61		32.61		97.82		9.78	7.83	115.4
11	防护罩	YZJ13-011		10.12		10.12		30.36		3.04	2.43	35.8
	小计			374.95		374.95		1124.85		112.48	89.99	1327.3

加工费计算表

表 3-33

序号	名称	代号	数量	材料重量（kg）		材料费（元/kg）		加工费（人工+机械）													未税合计
				单件重量 kg	总重 kg	单价 元	总价 元	车 30 元/时		铣 35 元/时		磨 40 元/时		数控 100 元/时		钳工 30 元/时		钣金铆焊 35 元/时		表面处理 0.5 元/kg	热处理 2 元/kg	元
								单件工时 小时	加工费总价 元	单件工时 小时	加工费总价 元	单件工时 小时	加工费总价 元	单件工时 小时	加工费总价 元	单件工时 小时	加工费总价 元	单件工时 小时	加工费总价 元	加工费总价 材料重量×单价 元	加工费总价 材料重量×单价 元	
1	支架机构	YZJ13-01	1	160	160	3	480	0	0	16	560	10	0	20	0	24	720	24	840	80		2200.05
2	升降机构	YZJ13-02	1	45	45	3	136	24	720	24	840	10	400	20	2000	16	480	0	0	23	50	4513
3	减震杆夹紧机构	YZJ13-03	1	51	51	3	153	22	660	30	1050	6	240	16	1600	15	450	16	560	25		4585
4	弹簧粗定位机构	YZJ13-04	1	68	68	3	203	24	720	20	700	8	320	16	1600	16	480	10	350	34	120	4324
5	防错装置	YZJ13-05	1	2	2	3	5	5	150	5	175	10	400	0	0	5	150	0	0	1		876
6	二次定位	YZJ13-06	1	2	2	3	6	10	300	16	560	8	320	0	0	13	390	12	420	1		1991

续表

序号	名称	代号	数量	材料重量(kg) 单件重量	材料重量(kg) 总重	材料费(元/kg) 单价	材料费 总价	车30元/时 单件工时	车 加工费总价	铣35元/时 单件工时	铣 加工费总价	磨40元/时 单件工时	磨 加工费总价	数控100元/时 单件工时	数控 加工费总价	钳工30元/时 单件工时	钳工 加工费总价	钣金铆焊35元/时 单件工时	钣金 加工费总价	表面处理0.5元/kg 加工费总价 材料重量×单价	热处理2元/kg 加工费总价 材料重量×单价	未税合计
	目内容			kg	kg	元	元	小时	元	小时	元	小时	元	小时	元	小时	元	小时	元			
7	安全阀板	YZJ13-07	1	2	2	3	5		0	4	140		0		0	4	120		0	1		261
8	二次定位发号	YZJ13-08	1	1	1	3	4		0	6	210		0		0	3	90	8	280	1		581
9	压板	YZJ13-09	1	2	2	3	5		0	4	140	1	40	4	400	4	120	6	210	1		911
10	护板	YZJ13-010	1	33	33	3	98		0		0		0		0	3	90	5	175	16		281
11	防护罩	YZJ13-011	1	10	10	3	30	4	120		0		0		0	4	120	5	175	5		420
	合计				375		1125		2670		4375		1720		5600		3210		3010	187	170	20942

注：钳工工时中包含画线、组件装配等所有与该产品相关的工时。

外购件费计算表　　　　　表 3-34

序号	零部件名称	规格型号	材质	数量	单位	供应商	单价	合计
1	标准件		45 号	1	套		650.0	650.0
2	气动扳手		合件	1	套	日本原装进口	9800.0	9800.0
3	平衡器	3～4.5kg	合件	1	套	国产优质	530.0	530.0
4	辅助设备	AN30-03	合件	3	件	SMC	34.0	101.9
5	机械阀	VHS40-04	合件	3	件	SMC	353.9	1061.8
6	空气洁净器辅件	Y400T-A	合件	1	件	SMC	46.0	46.0
7	空气洁净器	AW40-04DG-A	合件	1	件	SMC	652.9	652.9
8	机械阀	VM130-01-33	合件	8	件	SMC	206.8	1654.6
9	接头	KQ2L06-01AS	合件	20	件	SMC	11.2	224.0
10	接头	KQ2T10-00A	合件	5	件	SMC	23.3	116.5
11	接头	KQ2R06-10A	合件	5	件	SMC	15.8	79.2
12	接头	KQ2T06-00A	合件	5	件	SMC	17.8	88.8
13	机械阀	VPA342-1-01A	合件	1	件	SMC	377.0	377.0
14	辅助设备	AN10-01	合件	1	件	SMC	23.0	23.0
15	机械阀	VFA5220-03	合件	2	件	SMC	878.0	1756.0
16	调速阀	AS3002F-10	合件	2	件	SMC	104.8	209.5
17	接头	KQ2L10-04AS	合件	5	件	SMC	22.8	113.9

续表

序号	零部件名称	规格型号	材质	数量	单位	供应商	单价	合计
18	调速阀	AS2201F-01-10SA	合件	4	件	SMC	70.3	281.1
19	机械阀	VM131-01-01	合件	1	件	SMC	151.7	151.7
20	气缸	CS1TN140-150	合件	1	件	SMC	2800.0	2800.0
21	气缸辅件	I-14	合件	1	件	SMC	377.0	377.0
22	气缸	CQ2D40-50DZ	合件	2	件	SMC	650.0	1300.0
23	气缸辅件	I-G04	合件	2	件	SMC	70.8	141.6
24	接头	KQ2H10-03AS	合件	10	件	SMC	13.1	131.3
25	气管	3/8"	橡胶	30	m	台湾亚德客	10.0	300.0
26	气管	1/2"	橡胶	30	m	台湾亚德客	14.0	420.0
合计								23387.6

（2）设备现场安装采用清单计价法

安装现场清理、抄平，包括障碍物拆除；新制设备卸车、就位，设备安装、调试，包括与其他设备的联调；操作培训，包括提供验收资料；陪产、验收。见表3-35～表3-40。

单位工程结算汇总表　　　　　　　　　　　表 3-35

工程名称：前减震弹簧压装机安装工程　　　　　标段：　　　　第 1 页共 1 页

序号	汇总内容	金额（元）	其中：暂估价（元）
1	分部分项工程	3504	
2	措施项目	141	—
	其中：安全文明施工费	117	—
3	其他项目		—
3.1	其中：暂列金额		—
3.2	其中：专业工程暂估价		—
3.3	其中：计日工		—
3.4	其中：总承包服务费		—
3.5	其中：价差合计		—
4	规费	293	—
5	优质优价增加费		—
6	税金	669	—
	合计	4637	—

分部分项工程和单价措施项目清单与计价表　　　表 3-36

工程名称：前减震弹簧压装机安装工程　　　　　标段：　　第 1 页共 1 页

序号	项目编码	项目名称	项目特征描述	计量单位	工程量	金额（元）		
						综合单价	合价	其中暂估价
1	030110001001	前减震弹簧压装机	1. 名称：前减震弹簧压装机	台	1	3504.17	3504	
			本页小计				3504	
			合计				3504	

综合单价分析表　　　　　　　　　　表 3-37

工程名称：前减震弹簧压装机安装工程　　　　　　标段：　　　第 1 页共 1 页

| 序号 | 项目编码 | 项目名称 | 计量单位 | 工程数量 | 综合单价 | 其中 | | | | | 合价 |
						人工费	材料费	机械费	企业管理费	利润	
1	030110001001	前减震弹簧压装机	台	1	3504.17	2401.44	150.67	122.9	492.96	336.2	3504
	C1-1201	活塞式L形及Z形2列压缩机组安装机组重量1t以内	台	1	3504.17	2401.44	150.67	122.9	492.96	336.2	3504

总价措施项目清单与计价表　　　　　　　　表 3-38

工程名称：前减震弹簧压装机安装工程　　　　　　标段：　　　　第 1 页共 1 页

序号	项目编码	项目名称	计算基础	费率（%）	金额(元)	调整费率（%）	调整后金额（元）	备注
1	031302001001	安全文明施工	人工费	5.56	117			
2	031302002001	夜间施工						
3	031302003001	非夜间施工照明						
4	031302004001	二次搬运	人工费	0.3	6			
5	031302005001	雨期施工	人工费	0.38	8			
6	031302005002	冬期施工						
7	031302006001	已完工程及设备保护						
8	031302007001	高层施工增加						
9	031302008001	工程定位复测费	人工费	0.49	10			
10	031302009001	脚手架搭拆						
合计					141			

其他项目清单与计价汇总表　　　　表 3-39

工程名称：前减震弹簧压装机安装工程　　　　　标段：　　　第 1 页共 1 页

序号	项目名称	金额（元）	结算金额（元）	备注
1	暂列金额			按招标文件要求
2	暂估价			按招标文件要求
2.1	材料（工程设备）暂估价	—		按招标文件要求
2.2	专业工程暂估价			按招标文件要求
3	计日工			按招标文件要求
4	总承包服务费			按招标文件要求
5	索赔与现场签证			按招标文件要求
	合计		—	—

注：此表根据项目实际情况或招标文件要求填写。

规费、税金项目计价表 表 3-40

工程名称：前减震弹簧压装机安装工程　　　　　标段：　　　　第 1 页共 1 页

序号	项目名称	计算方法	计算基数	计算费率（%）	金额（元）
1	规费	1.1+1.2+1.3+1.4+1.5			293
1.1	社会保障费	（1）+（2）+（3）			273
（1）	养老保险费、失业保险费、医疗保险费、住房公积金	定额人工费 × 费率	2102	11.94	251
（2）	工伤保险费	定额人工费 × 费率	2131	0.61	13
（3）	生育保险费	定额人工费 × 费率	2143	0.42	9
1.2	工程排污费	定额人工费 × 费率	2000	0.3	6
1.3	工程检测费	按规定计取			
1.4	残疾人就业保障金	定额人工费 × 费率	2083	0.48	10
1.5	防洪基础设施建设资金及副食品价格调节基金	本项前造价 × 费率	3810	0.105	4
2	税金	税前造价 × 费率	3936	17	669
合计					962

参考文献

[1] 机械工业建设项目概算编制办法及各项概算指标（机械计（1995）1041号）.

[2] 全国造价工程师执业资格考试培训教材编审委员会.建设工程计价.北京：中国计划出版社，2013.

[3] 国家发展计划委员会，建设部.工程勘察设计收费标准（2002年修订本）.北京：中国物价出版社，2002.